Versuche

über die

Widerstandsfähigkeit ebener Platten.

Von

C. Bach,

Professor des Maschinen-Ingenieurwesens
an der K. Technischen Hochschule Stuttgart.

Mit in den Text gedruckten Abbildungen.

Springer-Verlag Berlin Heidelberg GmbH
1891.

ISBN 978-3-662-33412-6 ISBN 978-3-662-33809-4
DOI 10.1007/978-3-662-33809-4

Sonderabdruck
aus der
Zeitschrift des Vereines deutscher Ingenieure
1890.

Inhaltsverzeichniss.

Dritter Abschnitt.

Zusammenstellung der Versuchsergebnisse.

Einleitung.

Einen der schwächsten Punkte der Elasticitäts- und Festigkeitslehre bildet der Abschnitt von der Widerstandsfähigkeit ebener Platten und Wandungen gegenüber einer gleichförmigen Belastung, insbesondere durch Flüssigkeitsdruck, oder gegenüber senkrecht zu ihnen wirkenden Einzelkräften. Die Sicherheit, mit welcher der Konstrukteur die Inanspruchnahme solcher Platten oder Wandungen auf Grund unserer derzeitigen Erkenntnisse thatsächlich feststellen kann, ist durchschnittlich eine recht geringe; in vielen Fällen kann überhaupt nicht von einer Sicherheit, sondern es muss vielmehr von einer Unsicherheit gesprochen werden, welche bezüglich der Widerstandsfähigkeit solcher Konstruktionstheile besteht. Dieser Zustand wird um so drückender empfunden, als auf manchen Gebieten des Maschineningenieurwesens (Dampfkesselbau usw.) Aufgaben der in Frage stehenden Art sich sehr häufig zu bieten und hier überdies eine hohe, auch auf Menschenleben sich erstreckende Verantwortlichkeit einzuschliefsen pflegen.

Zur Beseitigung dieser Unsicherheit beizutragen, habe ich seit Mitte des Jahres 1889 eine gröfsere Anzahl von Versuchen mit kreisförmigen, elliptischen und rechteckigen Platten angestellt, über welche im Nachstehenden das Wesentlichste berichtet werden soll.

Erster Abschnitt.

Platten, durch Flüssigkeitsdruck belastet.

I. Versuchseinrichtungen.

Da zur Untersuchung derartiger Platten meines Wissens Vorrichtungen nicht vorhanden sind, so lag zunächst die Aufgabe vor, solche zu entwerfen. Unter Berücksichtigung der mir zur Verfügung stehenden knappen Mittel konstruirte ich die nachstehend beschriebenen Einrichtungen.

Vorrichtung zur Prüfung kreisförmiger Scheiben.

Fig. 1, 2, 3, 8, 9 und 10.

Die Vorrichtung, Fig. 1, besteht aus dem Untertheil A, dem Obertheil B und der Messvorrichtung C. Die centrische Lage des Obertheiles zum Untertheil wird durch zwei Führungsstifte (vergl. Fig. 2) gesichert. Die zu prüfende Scheibe S ruht zunächst auf dem aus weichem Kupfer hergestellten Dichtungsring von rund 8 mm Stärke. Durch die Pressung, welche die Scheibe beim Anziehen der Ober- und Untertheil verbindenden Schrauben erfährt, geht die ursprüngliche Berührungslinie zwischen ihr und diesem Ringe in eine Fläche von mehreren Millimetern Breite über. Je bedeutender der Druck in dieser Berührungsfläche, um so gröfsere Breite nimmt sie an. Nach oben stützt sich die Scheibe gegen eine zum Obertheil B gehörige Ringfläche von dem gleichen mittleren Durchmesser wie der Kupferring, nämlich $d = 560$ mm, und von 2,5 mm Breite, Fig. 3.

Fig. 3.

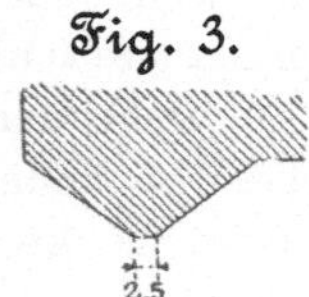

Dem Untertheil A wird durch eine mit Windkessel und Federmanometer versehene Presspumpe das Druckwasser zugeführt. Die Pressung desselben kann durch das Federmanometer und durch ein offenes Quecksilbermanometer, soweit dessen Höhe reicht (bis 4,5 kg), gemessen werden.

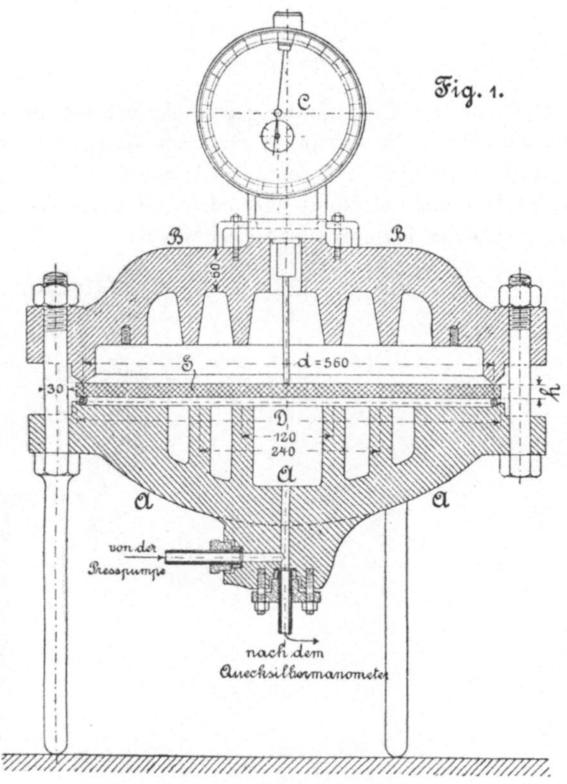
C
B
B
60
d = 560
S
30
h
D
120
240
a
a
a
von der Presspumpe
nach dem Quecksilbermanometer
Fig. 1.

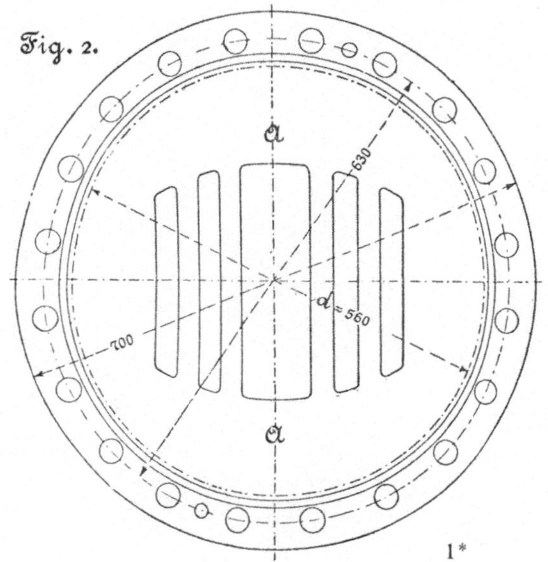
a
630
d = 560
700
a
Fig. 2.

Die von der Flüssigkeit gegen die Scheibe ausgeübte Kraft wird durch die erwähnte stützende Ringfläche auf das Obertheil übertragen und setzt sich durch 20 Schrauben, welche Ober- und Untertheil verbinden, mit dem Flüssigkeitsdruck gegen das letztere ins Gleichgewicht.

Fig. 9. Fig. 10.

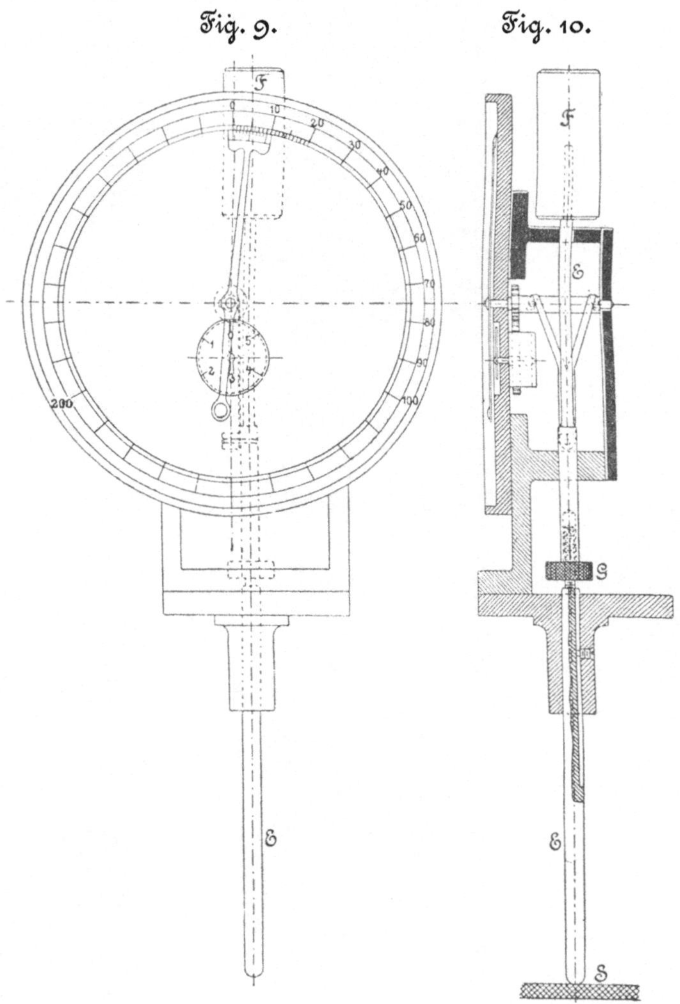

Die Bestimmung der Durchbiegung des Mittelpunktes der Scheibe erfolgt mittels des in den Fig. 9 und 10 dargestellten, von G. Boley in Esslingen gelieferten Instrumentes. Der aus zwei Theilen bestehende Stift E legt sich, veranlasst durch das oben aufgesteckte Gewicht F, gegen die zu untersuchende Scheibe S; der untere Theil dieses Stiftes besitzt oben Gewinde, der obere Theil desselben unten eine Höhlung, deren Weite etwas gröfser ist als der äufsere Durchmesser dieses Gewindes. Durch Drehung der Mutter G lässt sich die Länge des Stiftes E ändern und damit der Zeiger des Messinstrumentes auf Null einstellen, falls solches angezeigt erscheinen sollte. Mit dem Stifte E ist eine Y-förmige sehr dünne Feder, aus feinem gewalzten Neusilberblech geschnitten, verbunden, die oben über eine kleine Walze läuft. Die letztere trägt aufsen einen Zeiger, welcher am Ende mit Nonius versehen an der Skala entlang sich bewegt und Ablesung von 0,01 mm Bewegung der Scheibe gestattet. Die Befestigung des Instrumentes am Obertheil B, in welches sein unterer Ansatz centrisch eingepasst ist, erfolgt in der aus Fig. 1 ersichtlichen Weise mittels zweier Klemmbügel.

Gegen die auf diese Weise bestimmte Durchbiegung der Scheibe lässt sich zunächst geltend machen, dass sie um denjenigen Betrag zu grofs ist, welcher der Zusammendrückung des Materiales in der Stütz- oder Auflagerfläche, d. i. in der Berührungsfläche zwischen Scheibe und Obertheil, entspricht. Ferner kann eingewendet werden, dass etwaige Formänderungen des Obertheiles den Genauigkeitsgrad beeinträchtigen müssen. Eine Durchbiegung desselben infolge steigender Flüssigkeitspressung müsste die Durchbiegung der Scheibe zu klein liefern, also Abweichung nach der entgegengesetzten Seite ergeben. Um diesen Einwendungen zu begegnen, hatte ich ursprünglich beabsichtigt, die Messvorrichtung so bauen zu lassen, dass sie sich mit 3 Körnerspitzen (um 120^0 versetzt und genau unter dem Auflager x liegend) gegen die Mittelebene der Scheibe stützt, wie in Fig. 8 dargestellt ist. Dadurch wäre der Einfluss der bezeichneten Zusammendrückung in der Stützfläche sowie derjenige etwaiger Formänderung des Obertheiles beseitigt gewesen.

Mit Rücksicht auf die eigenen Formänderungen, welche ein derartig ausgeführtes Instrument bei den bedeutenden Abmessungen liefern musste, liefs ich jedoch diese Idee als ein Besseres, welches des Guten Feind ist, wieder fallen.

Der zuletzt genannten Einwendung suchte ich durch möglichst starke Abmessungen des Obertheiles zu begegnen, ferner dadurch, dass die Schrauben, welche Ober- und Untertheil verbinden, möglichst nahe an die Stützfläche von 560 mm mittlerem Durchmesser herangerückt wurden. Indem dieser Abstand (der Hebelarm für die auf Formänderung des Obertheiles wirkenden Kräfte) auf 0,5 (630 — 560) = 35 mm vermindert ist, erscheinen bei der Kräftigkeit des Obertheiles

Fig. 8.

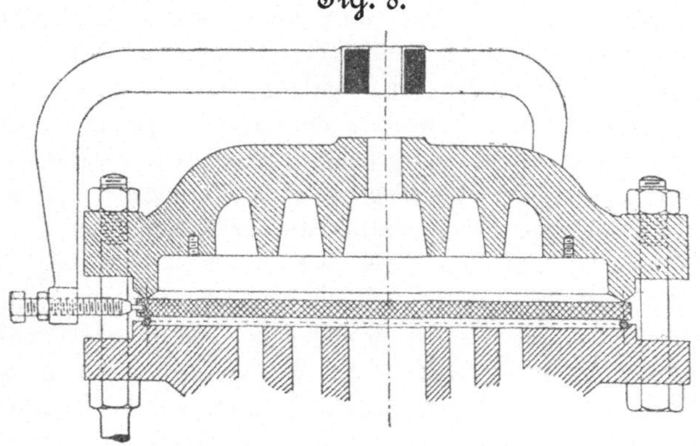

Formänderungen des letzteren von erheblichem Einflusse für gusseiserne Scheiben bis etwa 25 mm Stärke ausgeschlossen.

Der anderen Einwendung, betreffend das Zusammendrücken des Materiales in der Auflagerfläche, wird im vorliegenden Falle eine grofse Bedeutung deshalb nicht beizumessen sein, weil mit Rücksicht auf die zu erzielende Abdichtung die Verbindungsschrauben (zwischen Ober- und Untertheil) von vornherein sehr kräftig angezogen werden müssen, sodass unter Einwirkung der später eintretenden Flüssigkeitspressung eine verhältnissmäfsig in Betracht kommende Zusammendrückung nicht mehr stattfinden dürfte.

Vorrichtung zur Prüfung elliptischer Platten.

Fig. 4 und 5.

Das Obertheil *B* des oben besprochenen Apparates ist so eingerichtet, dass durch Einsetzen einer Platte H, Fig. 4 u. 5, mit elliptischer Stützringfläche (grofse Achse 507 mm [1]),

Fig. 4.

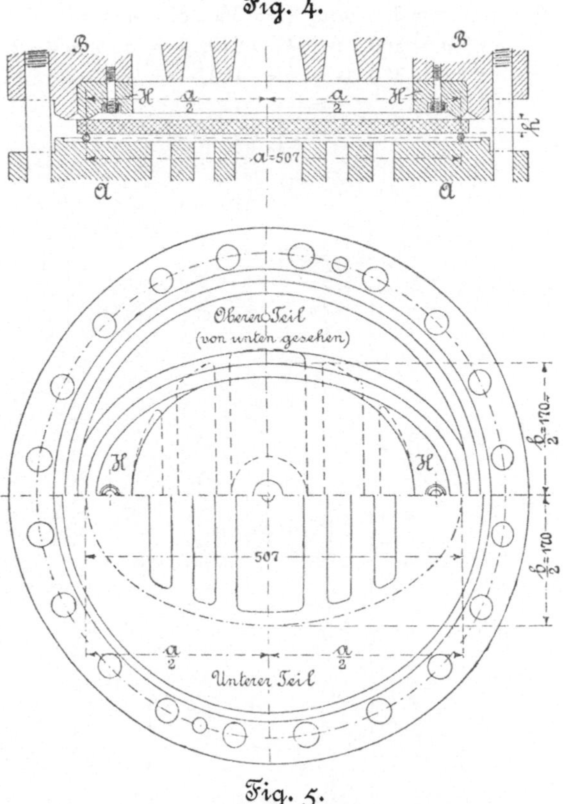

Fig. 5.

kleine Achse 340 mm) und Ersatz des kreisförmigen Dichtungsringes durch einen solchen von elliptischer Mittellinie elliptische Platten untersucht werden können.

---

[1]) S. Fufsbemerkung zu III, Ziff. 2 (Elliptische Platten), S. 37.

Vorrichtung zur Prüfung rechteckiger Platten.

Fig. 6, 7 und 11.

In gleicher Weise können Platten JJ, Fig. 6, mit rechteckiger Stützringfläche eingesetzt werden. Vorgesehen sind 3 solcher Platten, und zwar

eine mit $a = 360$ mm, $b = 360$, d. i. $a : b = 1 : 1$,
» » $a = 360$ » $b = 240$, » » $a : b = 3 : 2$,
» » $a = 360$ » $b = 120$, » » $a : b = 3 : 1$.

Fig. 6.

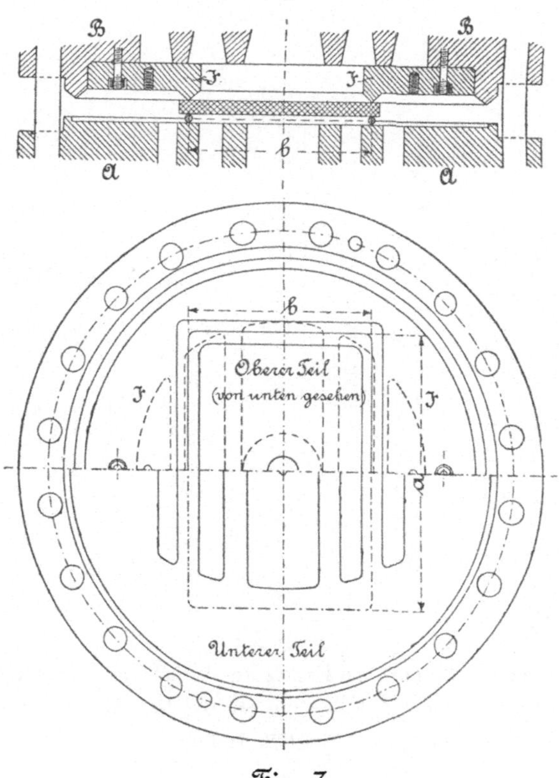

Fig. 7.

An den Ecken ist, der Form der Dichtungsringe entsprechend, eine kleine Abrundung erfolgt, wie dies Fig. 11 deutlich erkennen lässt.

Nach Maſsgabe des Erörterten besteht demnach der vollständige Apparat zur Prüfung kreisförmiger Scheiben, elliptischer und rechteckiger Platten (von dreierlei Gröſse) aus dem Untertheil A, dem Obertheil B, dem Messinstrument C, der Platte H und den drei Platten J.

Fig. 11.

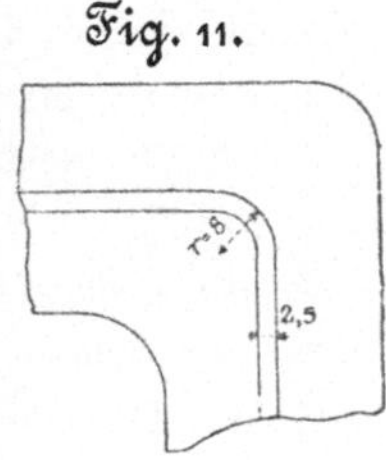

II. Vorhandene Gleichungen zur Berechnung der Durchbiegung und der Anstrengung der Platten.

Für

die kreisförmige Scheibe,

am Umfange gestützt, leitet Grashof (»Theorie der Elasticität und Festigkeit«, 1878, S. 335 und 336) die Beziehung ab:

$$k_b \geqq {}^3/_8 \frac{(m-1)(3m+1)}{m^2} \left(\frac{r}{h}\right)^2 p, \quad . \quad . \quad . \quad (1)$$

woraus sich mit

$$m = {}^{10}/_3$$

ergiebt

$$k_b \geqq 0{,}87 \left(\frac{r}{h}\right)^2 p = 0{,}2175 \left(\frac{d}{h}\right)^2 p, \quad . \quad . \quad . \quad (2)$$

oder

$$h \geqq 0{,}93\, r \sqrt{\frac{p}{k_b}} = 0{,}465\, d \sqrt{\frac{p}{k_b}}, \quad . \quad . \quad . \quad (3)$$

und

$$y' = {}^3/_{16}\, \alpha \frac{(m-1)(5m+1)}{m^2} \frac{r^4}{h^3} p, \quad . \quad . \quad . \quad (4)$$

woraus mit

$$m = {}^{10}/_3$$

folgt

$$y' = 0{,}7\, \alpha \frac{r^4}{h^3} p \quad . \quad . \quad . \quad . \quad . \quad . \quad (5).$$

Hierin bedeutet:

$r = 0{,}5\,d$ den Halbmesser des gestützten Umfanges der Scheibe (vergl. Fig. 1),

h die Stärke derselben,

p die gleichförmig über die Scheibenfläche πr^2 vertheilte Belastung, bezogen auf die Flächeneinheit, in kg,

k_b die gröfste Anstrengung des Materiales in der Mitte der Scheibe,

y' die Durchbiegung der Scheibe in der Mitte,

α den Dehnungskoëffizienten (d. i. die Dehnung eines Stabes von der Länge 1 bei Steigerung der Belastung um 1 kg auf die Flächeneinheit = reciproker Wert des Elasticitätsmoduls, vergl. des Verfassers »Elasticität und Festigkeit«, § 2),

m das Verhältniss der Längsdehnung zur Querzusammenziehung.

Die ausgesprochenen oder stillschweigend gemachten Voraussetzungen, unter denen die Gl. 1, sowie 4, und damit auch die Beziehungen 2, 3 und 5 erlangt wurden, sind insbesondere die folgenden:

1. α ist unveränderlich (unzutreffend für Gusseisen),

2. h ist sehr klein gegen r,

3. der Einfluss der Befestigungsweise der Scheibe sowie der Wirksamkeit derjenigen Kraft, welche die Abdichtung gegenüber der Flüssigkeit zu sichern hat (vergl. Fig. 1), wird aufser Betracht gelassen.

In der Absicht, bei der grofsen Schwierigkeit und dem bedeutenden Umfange der vorliegenden Aufgabe zunächst die praktischen Bedürfnisse des Konstrukteurs der Befriedigung zuführen zu helfen, habe ich in der Arbeit: »Elasticität und Festigkeit« (Berlin 1889/90, § 60 und 61) folgenden Weg der Annäherung eingeschlagen, unter dem Vorbehalte, die erhaltenen Gleichungen durch Versuche auf den Grad ihrer Genauigkeit zu prüfen.

Kreisförmige Scheibe, Fig. 1.

Entsprechend dem Umstande, dass die Querschnitte der gröſsten Anstrengung durch die Mitte der Scheibe gehen, werde die letztere als nach einem Durchmesser eingespannter Stab von rechteckigem Querschnitte, dessen Breite $d = 2r$ und dessen Höhe h ist, aufgefasst. Belastet erscheint diese Scheibenhälfte bei Vernachlässigung des Eigengewichtes:

1. durch die auf die Unterfläche $\frac{1}{2}\pi r^2$ wirkende Flüssigkeitspressung p, welche mit Rücksicht darauf, dass der Schwerpunkt der Halbkreisfläche um $\frac{4r}{3\pi}$ von der Mitte absteht, für die Einspannstelle das Moment

$$\frac{1}{2}\pi r^2 p \cdot \frac{4r}{3\pi}$$

liefert, und

2. durch den auf die Umfangslinie πr sich gleichmäſsig vertheilenden Widerlagsdruck $\frac{1}{2}\pi r^2 p$, welcher als im Schwerpunkte der Halbkreislinie πr angreifend gedacht werden kann, dessen Abstand $\frac{2r}{\pi}$ von der Mitte beträgt und deshalb das Moment

$$\frac{1}{2}\pi r^2 p \cdot \frac{2r}{\pi}$$

ergiebt.

Hieraus folgt das biegende Moment

$$\frac{1}{2}\pi r^2 p \frac{2r}{\pi} - \frac{1}{2}\pi r^2 p \frac{4r}{3\pi} = \frac{1}{3} r^3 p$$

und damit

$$\frac{1}{3} r^3 p = k_b \frac{1}{6} d h^2 = k_b \frac{1}{6} 2r h^2,$$

unter der Voraussetzung, dass sich das Moment gleichmäſsig über den Querschnitt von der Breite $d = 2r$ überträgt, und unter Vernachlässigung des Umstandes, dass senkrecht zu einander stehende Spannungen vorhanden sind. Thatsächlich trifft diese Voraussetzung nicht zu; es werden vielmehr die nach der Mitte hin gelegenen Elemente des gefährdeten Querschnittes stärker beansprucht sein. Dem könnte dadurch

Rechnung getragen werden, dass nicht die volle Querschnittsbreite d, sondern nur ein Theil, etwa φd, in die Biegungsgleichung eingeführt wird, womit

$$\tfrac{1}{3} r^3 p = k_b \tfrac{1}{6} (\varphi\, d)\, h^2 = k_b \tfrac{1}{6}\, 2 r \varphi h^2,$$

sodass

$$k_b \geqq \frac{1}{\varphi}\left(\frac{r}{h}\right)^2 p = \tfrac{1}{4}\,\frac{1}{\varphi}\left(\frac{d}{h}\right)^2 p, \quad . \quad . \quad . \quad (6)^{1)}$$

oder

$$h \geqq r \sqrt{\frac{1}{\varphi}\,\frac{p}{k_b}} = \tfrac{1}{2}\, d \sqrt{\frac{1}{\varphi}\,\frac{p}{k_b}} \quad . \quad . \quad . \quad . \quad (7).$$

Hierin wird der Gröfse φ ganz allgemein der Charakter eines durch Versuche festzustellenden Berichtigungskoëffizienten beizulegen sein. Derselbe trägt alsdann nicht blos der ungleichmäfsigen Vertheilung des biegenden Momentes über den Querschnitt Rechnung, sondern auch sonstigen Einflüssen, insbesondere dem Umstande, dass senkrecht zu einander wirkende Normalspannungen thätig sind. Er wird sich ferner in erheblichem Mafse abhängig erweisen müssen namentlich von der Befestigungsweise der Scheibe sowie von der Kraft, mit welcher deren Anpressung erfolgt, von der Art der Abdichtung, von der Beschaffenheit der Oberfläche der Scheibe da, wo diese das Dichtungsmaterial berührt, und da, wo sie sich gegen die Auflagefläche stützt usw.

Elliptische Platte, Fig. 4 und 5.

In gleicher Weise wie bei der kreisförmigen Scheibe ergiebt sich hier mit a als grofser und b als kleiner Achse der mittleren Stützungs- und Dichtungsellipse,

$$k_b \geqq \tfrac{1}{2}\,\frac{1}{\varphi}\,\frac{3{,}4 + 1{,}2\left(\frac{b}{a}\right)^2 - 0{,}6\left(\frac{b}{a}\right)^4}{3 + 2\left(\frac{b}{a}\right)^2 + 3\left(\frac{b}{a}\right)^4}\left(\frac{b}{h}\right)^2 p, \qquad (8)$$

---

1) Gl. 2 und Gl. 6 werden identisch, d. h.

$$\frac{0{,}87}{4}\left(\frac{d}{h}\right)^2 p = \tfrac{1}{4}\,\frac{1}{\varphi}\left(\frac{d}{h}\right)^2 p,$$

für

$$\frac{1}{\varphi} = 0{,}87,$$

oder

$$\varphi = 1{,}15.$$

oder

$$h \geqq {}^1/_2\, b \sqrt{\frac{1}{\varphi}\, 2\, \frac{3{,}4 + 1{,}2\left(\frac{b}{a}\right)^2 - 0{,}6\left(\frac{b}{a}\right)^4}{3 + 2\left(\frac{b}{a}\right)^2 + 3\left(\frac{b}{a}\right)^4}\, \frac{p}{k_b}}, \quad (9)$$

und angenähert

$$k_b \geqq {}^1/_2\, \frac{1}{\varphi}\, \frac{1}{1+\left(\frac{b}{a}\right)^2}\left(\frac{b}{h}\right)^2 p, \quad . \quad . \quad . \quad (10)$$

oder

$$h \geqq {}^1/_2\, b \sqrt{\frac{1}{\varphi}\, \frac{2}{1+\left(\frac{b}{a}\right)^2}\, \frac{p}{k_b}} \quad . \quad . \quad . \quad (11)$$

(Vergl. »Elasticität und Festigkeit«, § 60, Ziff. 2).

Rechteckige Platte, Fig. 6 und 7.

Auf demselben Wege wird mit a als langer und b als kurzer Seite des stützenden Rechteckes gefunden

$$k_b \geqq {}^1/_2\, \frac{1}{\varphi}\, \frac{1}{1+\left(\frac{b}{a}\right)^2}\left(\frac{b}{h}\right)^2 p, \quad . \quad . \quad . \quad (12)$$

oder

$$h \geqq {}^1/_2\, b \sqrt{\frac{1}{\varphi}\, \frac{2}{1+\left(\frac{b}{a}\right)^2}\, \frac{p}{k_b}}, \quad . \quad . \quad . \quad (13)$$

und insbesondere für die quadratische Platte mit $b = a$,

$$k_b \geqq {}^1/_4\, \frac{1}{\varphi}\left(\frac{a}{h}\right)^2 p, \quad . \quad . \quad . \quad . \quad (14)$$

oder

$$h \geqq {}^1/_2\, a \sqrt{\frac{1}{\varphi}\, \frac{p}{k_b}} \quad . \quad . \quad . \quad . \quad . \quad (15)$$

(Vergl. »Elasticität und Festigkeit«, § 60, Ziff. 3 und 4).

III. Die Versuchsergebnisse.

1. Kreisförmige Scheiben, Fig. 1.

Bezeichnungen:

D Durchmesser der Scheibe in cm,

h Stärke » » » »

d mittlerer Durchmesser der (0,25 cm breiten) Ringfläche, gegen welche sich die von unten gepresste Scheibe legt = 56 cm,

p die Pressung der auf die Scheibe wirkenden Flüssigkeit in kg/qcm,

y' die Durchbiegung der Scheibenmitte in cm.

Material: Gusseisen I.

Sämmtliche Versuchskörper sind bei demselben Gusse hergestellt und bearbeitet.

Ueber die Beschaffenheit des Materiales geben folgende Biegungsversuche Auskunft, die mit Stäben von angenähert quadratischem Querschnitt angestellt wurden.

Entfernung der Auflager 100 cm.

No.	Abmessungen des Bruchquerschnittes b cm	Abmessungen des Bruchquerschnittes h cm	Bruchbelastung P_{max} kg	Biegungsfestigkeit $25\,P_{max} : \frac{1}{6} b h^2$ kg	Durchbiegung bei $P = 400$ kg gesammte mm	Durchbiegung bei $P = 400$ kg bleibende mm	Durchbiegung bei P_{max} gesammte mm	Bemerkungen
1	3,00	3,06	455	2429	18,9	3,3	24,6	Bruch 2 mm aus der Mitte, gesund.
2	3,00	3,01	440	2426	21,3	nicht bestimmt	25,5	Bruch 3 mm aus der Mitte, gesund.
Durchschnitt				2427	20,1	3,3	25	

Scheiben von rund 1,2 cm Stärke.

Scheibe A.

$D = 57{,}93$ cm; $h = 1{,}17$ cm.

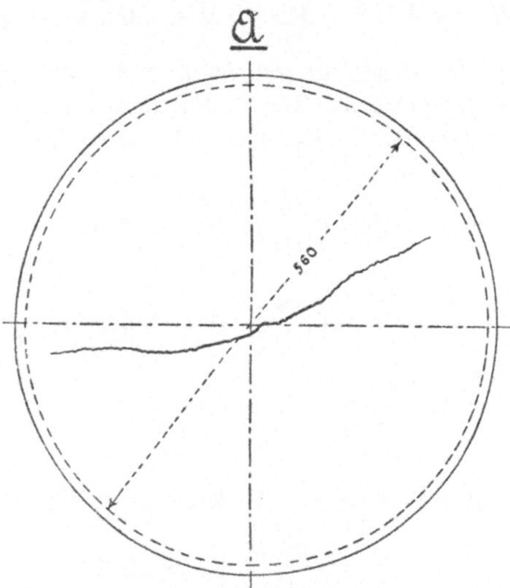

B u. C ganz ähnlich wie A.

Pressung p kg/qcm	Durchbiegung y' cm	Durchbiegung Unterschied cm	Bemerkungen
0	0,000		a) Die Muttern der Schrauben, welche Ober- und Untertheil des Apparates verbinden, wurden von vornherein so scharf angezogen, dass ein Nachziehen während des Versuches nicht einzutreten brauchte. b) Bruchlinie — immer auf der Seite der gezogenen Fasern — ist in Fig. A dargestellt [1]). c) Bruchfläche bis auf eine Stelle in der Mitte gesund.
0,5	0,050	0,050	
1,0	0,122	0,072	
1,5	0,199	0,077	
2,0	0,297	0,098	
2,5	0,396	0,099	
3,0	0,501	0,105	
3,5	0,609	0,108	
4,0	0,718	0,109	
4,95	Bruch erfolgt		

[1]) Bei Beurtheilung der Bruchlinien ist zu beachten, dass nach erfolgtem Bruche in der Mehrzahl der Fälle noch etwas gepumpt wurde; infolgedessen erstrecken sich dieselben etwas weiter als unmittelbar nach stattgehabtem Bruche.

Unter Zugrundelegung der in der dritten Spalte enthaltenen Unterschiede der beobachteten Werthe von y' würde sich nach Gl. 5 der Dehnungskoëffizient oder dessen reciproker Werth, d. i. der Elasticitätsmodul, ergeben:

1. für die Pressungsgrenzen $p = 0{,}5$ und $p = 1{,}0$ kg, nach Gl. 2 entsprechend den Materialanstrengungen σ_b (vorausgesetzt, dass Gl. 2 die Materialanstrengung thatsächlich liefert),

$$\sigma_b = 0{,}87 \left(\frac{28}{1{,}17}\right)^2 \cdot 0{,}5 = 249 \text{ kg}$$

und

$$\sigma_b = 0{,}87 \left(\frac{28}{1{,}17}\right)^2 . 1 = 498 \text{ kg}^{1)},$$

$$\frac{1}{\alpha} = \frac{0{,}7}{0{,}072} \frac{28^4}{1{,}17^3} (1 - 0{,}5) = 1\,867\,000;$$

2. für $p = 2{,}5$ und $p = 3{,}0$ kg, entsprechend

$$\sigma_b = 0{,}87 \left(\frac{28}{1{,}17}\right)^2 \cdot 2{,}5 = 1245 \text{ kg}$$

und

$$\sigma_b = 0{,}87 \left(\frac{28}{1{,}17}\right)^2 . 3 = 1494 \text{ kg}^{1)},$$

$$\frac{1}{\alpha} = \frac{0{,}7}{0{,}105} \frac{28^4}{1{,}17^3} (3 - 2{,}5) = 1\,281\,000;$$

3. für $p = 0{,}5$ und $p = 3{,}0$ kg

$$\sigma_b = 249 \text{ kg und } \sigma_b = 1494 \text{ kg}$$

$$\frac{1}{\alpha} = \frac{0{,}7}{0{,}501 - 0{,}050} \frac{28^4}{1{,}17^3} (3 - 0{,}5) = 1\,491\,000.$$

---

[1]) Streng genommen, wäre p um denjenigen Betrag zu kürzen, welcher durch das Eigengewicht der Scheibe aufgehoben wird. Der Einfluss des letzteren erscheint jedoch verhältnissmäſsig zu unerheblich, um Berücksichtigung zu fordern.

Die für $\frac{1}{\alpha}$ erhaltenen Werthe sind etwa doppelt so grofs, als sie sich für dasselbe Material aus Biegungsversuchen mit Flachstäben ergeben haben würden[1]), d. h. die Durchbiegung ist ungefähr nur halb so grofs, als sie nach Gl. 5 zu erwarten gewesen wäre.

Die Gl. 2 liefert für die Biegungsfestigkeit

$$K_b' = 0{,}87 \left(\frac{28}{1{,}17}\right)^2 \cdot 4{,}95 = 2565 \text{ kg}.$$

Aus den beiden Bruchstücken, welche der Versuch ergab, wurden zwei Flachstäbe herausgehobelt und der Biegungsprobe unterworfen.

Entfernung der Auflager 50 cm.

No.	Breite b cm	Höhe h cm	Bruch-belastung P_{max} kg	Biegungs-festigkeit $12{,}5\,P_{max} : {}^1/_6\,b\,h^2$ kg	Bemerkungen
1	8,03	1,17	375	2557	Bruch gesund, 4 mm aus der Mitte.
2	7,96	1,16	360	2512	Bruch gesund, 2 mm aus der Mitte.
			Durchschnitt	2534	

Die Gl. 2 liefert demnach im vorliegenden Falle für die Scheibe fast genau die gleiche Biegungsfestigkeit, wie der Ausdruck $12{,}5\,P_{max} : {}^1/_6\,bh^2$ für die Flachstäbe.

Dieselbe Entwicklung (s. unter II, Gl. 1 bis 5) würde also die Durchbiegung (mit dem Dehnungskoëffizienten, welcher dem Material zukommt) um rund 100 pCt. zu grofs, dagegen die Biegungsfestigkeit zutreffend ergeben.

---

[1]) Zeitschrift des Vereines deutscher Ingenieure 1888, S. 221 u. f.

Scheibe B.

$D = 57{,}85$ cm; $h = 1{,}22$ cm.

Bruch erfolgt bei $p = 4{,}35$ kg, nach Gl. 2 entsprechend

$$K_b' = 0{,}87 \left(\frac{28}{1{,}22}\right)^2 . \, 4{,}35 = 1991 \text{ kg}.$$

Bruchfläche in dem mittleren Theile sehr stark fehlerhaft; infolgedessen die Versuchsergebnisse nicht zum Vergleiche herangezogen werden können, weshalb auch die Wiedergabe der beobachteten Durchbiegungen unterbleibt.

Bruchlinie verläuft ganz ähnlich wie bei der Scheibe A.

Aus den beiden Bruchstücken, welche der Versuch lieferte, wurden zwei Flachstäbe herausgehobelt und der Biegungsprobe unterzogen.

Entfernung der Auflager 50 cm.

No.	Breite b cm	Höhe h cm	Bruch-belastung P_{max} kg	Biegungs-festigkeit $12{,}5\,P_{max} : {}^1/_6\, b h^2$ kg	Bemerkungen
1	7,01	1,22	355	2548	Bruch gesund, in der Mitte.
2	8,00	1,21	400	2564	Bruch gesund, 5 mm aus der Mitte.
			Durchschnitt	2556	

gegen 2534 kg für die aus der Scheibe A herausgearbeiteten Flachstäbe, d. i. fast genau der gleiche Werth, sodass die Biegungsfestigkeit für die 4 aus den rund 1,2 cm starken Scheiben hergestellten Flachstäbe übereinstimmend zu

$$K_b = \frac{2557 + 2512 + 2548 + 2564}{4} = 2545 \text{ kg}$$

sich ergiebt.

Scheibe C.

$D = 57{,}95$ cm; $h = 1{,}19$ cm.

Pressung p kg/qcm	Durchbiegung y' cm	Durchbiegung Unterschied cm	Bemerkungen
0	0,000		a) Wie bei Scheibe A.
		0,057	
0,5	0,057		b) Verlauf der Bruchlinie ähnlich wie in Fig. A.
		0,070	
1,0	0,127		
		0,080	
1,5	0,207		
		0,102	
2,0	0,309		c) Bruchfläche bis auf die Mitte und eine am Umfange gelegene Stelle gesund.
		0,115	
2,5	0,424		
		0,122	
3,0	0,546		
		0,136	
3,5	0,682		
		0,136	
4,0	0,818		
5,4	Bruch erfolgt		

In gleicher Weise, wie bei der Scheibe A erörtert, findet sich aus Gl. 5:

1. für $p = 0{,}5$ kg und $p = 1{,}0$ kg, entsprechend

$$\sigma_b = 0{,}87 \left(\frac{28}{1{,}19}\right)^2 0{,}5 = 240 \text{ kg}$$

und

$$\sigma_b = 0{,}87 \left(\frac{28}{1{,}19}\right)^2 1 = 480 \text{ kg},$$

$$\frac{1}{\alpha} = \frac{0{,}7}{0{,}070} \frac{28^4}{1{,}19^3} (1{,}0 - 0{,}5) = 1\,824\,000;$$

2. für $p = 2{,}5$ kg und $p = 3{,}0$ kg, entsprechend

$$\sigma_b = 0{,}87 \left(\frac{28}{1{,}19}\right)^2 . \, 2{,}5 = 1201 \text{ kg}$$

und

$$\sigma_b = 0{,}87 \left(\frac{28}{1{,}19}\right)^2 3 = 1441 \text{ kg},$$

$$\frac{1}{\alpha} = \frac{0{,}7}{0{,}122} \frac{28^4}{1{,}19^3} (3 - 2{,}5) = 1\,047\,000;$$

3. für $p = 0{,}5$ kg und $p = 3{,}0$ kg, entsprechend

$$\sigma_b = 240 \text{ kg und } \sigma_b = 1441 \text{ kg},$$

$$\frac{1}{\alpha} = \frac{0{,}7}{0{,}546 - 0{,}057} \frac{28^4}{1{,}19^3} (3 - 0{,}5) = 1\,306\,000.$$

Wenn auch diese für $\frac{1}{\alpha}$ erhaltenen Werthe etwas kleiner sind als die für die Scheibe A gefundenen, so ist ihre Gröſse immerhin noch so, dass auch hier ausgesprochen werden darf: Die Durchbiegung ist ungefähr halb so groſs, als sie nach Gl. 5 zu erwarten gewesen wäre.

Gl. 2 führt zu

$$K_b' = 0{,}87 \left(\frac{28}{1{,}19}\right)^2 \cdot 5{,}4 = 2594 \text{ kg}.$$

Dieser Werth entspricht durchaus der für die Scheibe A erhaltenen Gröſse; im Durchschnitt erhalten wir für die aus Gl. 2 bestimmte Biegungsfestigkeit der Scheiben

$$K'_b = \frac{2565 + 2594}{2} = 2579 \text{ kg},$$

während für die aus den Scheiben herausgehobelten Flachstäbe nach dem bei der Scheibe B Bemerkten die durchschnittliche Biegungsfestigkeit zu

$$K_b = 2545 \text{ kg}$$

gefunden wird.

Demnach gelten die beiden letzten für die Scheibe A ausgesprochenen Sätze auch hier.

Scheiben von rund 2,4 cm Stärke.

Scheibe D,

$D = 57{,}9$ cm; $h = 2{,}37$ cm.

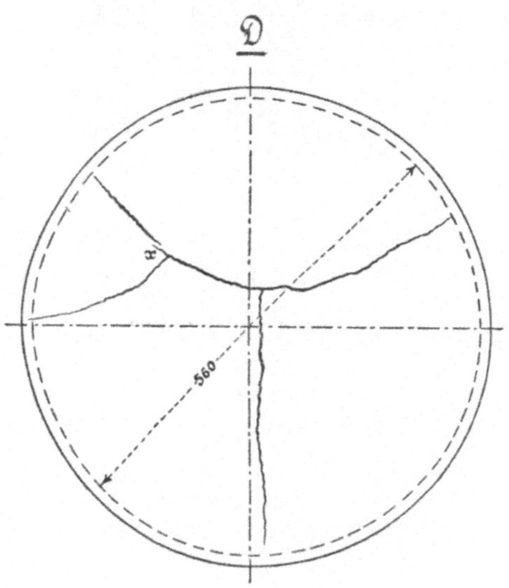

Pressung p kg	Durchbiegung y' cm	Unterschied cm	Bemerkungen
0	0,000		a) Wie bei Scheibe A.
2	0,036	0,036	b) Bruchlinie ist in Fig. D dargestellt.
4	0,093	0,057	c) Bruchfläche an einzelnen Stellen, insbesondere bei x fehlerhaft.
6	0,167	0,074	
8	0,252	0,085	
10	0,354	0,102	
12	0,474	0,120	
14	0,625	0,151	
17,5	Bruch erfolgt		

In gleicher Weise, wie bei der Scheibe A besprochen, findet sich aus Gl. 5:

1. für $p = 2$ kg und 4 kg, entsprechend

$$\sigma_b = 0{,}87 \left(\frac{28}{2{,}37}\right)^2 \cdot 2 = 243 \text{ kg}$$

und

$$\sigma_b = 0{,}87 \left(\frac{28}{2{,}37}\right)^2 \cdot 4 = 485 \text{ kg},$$

$$\frac{1}{\alpha} = \frac{0{,}7}{0{,}057} \frac{28^4}{2{,}37^3} (4 - 2) = 1\,128\,000;$$

2. für $p = 10$ kg und 12 kg, entsprechend

$$\sigma_b = 0{,}87 \left(\frac{28}{2{,}37}\right)^2 \cdot 10 = 1214 \text{ kg}$$

und

$$\sigma_b = 0{,}87 \left(\frac{28}{2{,}37}\right)^2 \cdot 12 = 1456 \text{ kg},$$

$$\frac{1}{\alpha} = \frac{0{,}7}{0{,}120} \frac{28^4}{2{,}37^3} (12 - 10) = 541\,000;$$

3. für $p = 2$ kg und 12 kg, entsprechend

$$\sigma_b = 243 \text{ kg} \quad \text{und} \quad \sigma_b = 1456 \text{ kg},$$

$$\frac{1}{\alpha} = \frac{0{,}7}{0{,}474 - 0{,}036} \frac{28^4}{2{,}37^3} (12 - 2) = 739\,000.$$

Gl. 2 liefert

$$K_b' = 0{,}87 \left(\frac{28}{2{,}37}\right)^2 17{,}5 = 2124 \text{ kg}.$$

Scheibe E.

$D = 57{,}95$ cm; $h = 2{,}39$ cm.

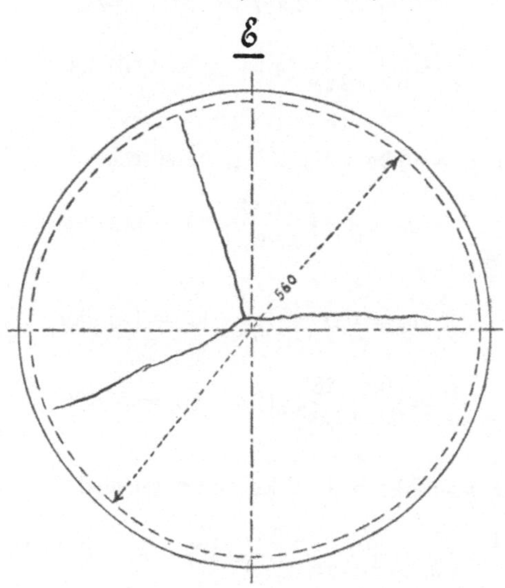

Pressung p kg	Durchbiegung y' cm	Unterschied cm	Bemerkungen
0	0,000		a) Wie bei Scheibe A. b) Bruchlinie ist in Fig. E dargestellt. c) Bruchfläche bis auf einige in der Mitte und auf der gezogenen Seite gelegene Stellen gesund.
		0,039	
2	0,039		
		0,050	
4	0,089		
		0,066	
6	0,155		
		0,074	
8	0,229		
		0,087	
10	0,316		
		0,109	
12	0,425		
		0,129	
14	0,554		
16,3	Bruch erfolgt		

In der bei Scheibe A erörterten Weise findet sich nach Gl. 5:

1. für $p = 2$ kg und 4 kg, entsprechend

$$\sigma_b = 0{,}87 \left(\frac{28}{2{,}39}\right)^2 \cdot 2 = 239 \text{ kg}$$

und

$$\sigma_b = 0{,}87 \left(\frac{28}{2{,}39}\right)^2 \cdot 4 = 479 \text{ kg},$$

$$\frac{1}{\alpha} = \frac{0{,}7}{0{,}050} \frac{28^4}{2{,}39^3} (4 - 2) = 1\,261\,000;$$

2. für $p = 10$ kg und 12 kg, entsprechend

$$\sigma_b = 0{,}87 \left(\frac{28}{2{,}39}\right)^2 \cdot 10 = 1197 \text{ kg}$$

und

$$\sigma_b = 0{,}87 \left(\frac{28}{2{,}39}\right)^2 \cdot 12 = 1436 \text{ kg},$$

$$\frac{1}{\alpha} = \frac{0{,}7}{0{,}109} \frac{28^4}{2{,}39^3} (12 - 10) = 576\,000;$$

3. für $p = 2$ kg und 12 kg, entsprechend

$$\frac{1}{\alpha} = \frac{0{,}7}{0{,}425 - 0{,}039} \frac{28^4}{2{,}39^3} (12 - 2) = 815\,000.$$

Gl. 2 führt zu

$$K_b' = 0{,}87 \left(\frac{28}{2{,}39}\right)^2 \cdot 16{,}3 = 1947 \text{ kg}.$$

Aus den Bruchstücken, welche der Versuch ergab, wurden 2 Flachstäbe herausgehobelt und der Biegungsprobe bei 50 cm Auflagerentfernung unterworfen.

No.	Breite b cm	Höhe h cm	Bruchbelastung P_{max} kg	Biegungsfestigkeit $12{,}5\, P_{max} : {}^1/_6 b h^2$ kg	Bemerkungen
1	4,20	2,39	870	2721	Bruch 4 mm aus der Mitte, gesund.
2	4,19	2,39	900	2822	Bruch in der Mitte, gesund.
			Durchschnitt	2772	

Scheibe *F*.

$D = 57{,}90$ cm; $h = 2{,}37$ cm.

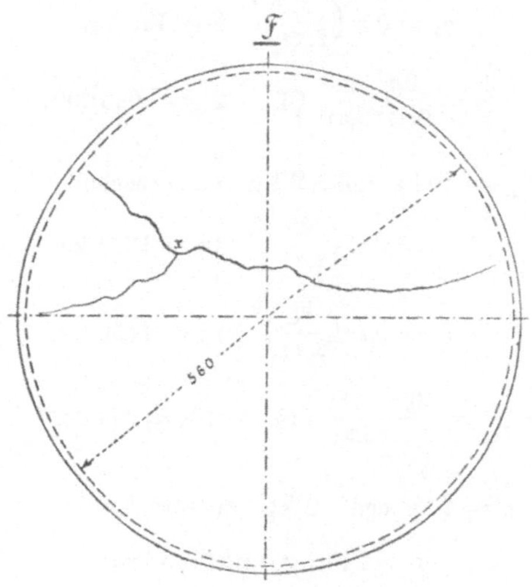

Pressung p kg	Durchbiegung y' cm	Unterschied cm	Bemerkungen
0	0,000		a) Wie bei Scheibe A.
		0,046	
2	0,046		b) Bruchlinie ist in Fig. F dargestellt.
		0,059	
4	0,105		c) Bruchfläche bis auf eine fehlerhafte Stelle bei x gesund.
		0,076	
6	0,181		
		0,086	
8	0,267		
		0,101	
10	0,368		
		0,137	
12	0,505		
		0,165	
14	0,670		
17,3	Bruch erfolgt		

Auf dem bei der Scheibe A bezeichneten Wege ergiebt sich aus Gleichung 5:

1. für $p = 2$ kg und 4 kg, entsprechend

$$\sigma_b = 0{,}87 \left(\frac{28}{2{,}37}\right)^2 . 2 = 243 \text{ kg}$$

und

$$\sigma_b = 0{,}87 \left(\frac{28}{2{,}37}\right)^2 \cdot 4 = 485 \text{ kg},$$

$$\frac{1}{\alpha} = \frac{0{,}7}{0{,}059} \frac{28^4}{2{,}37^3} (4 - 2) = 1\,095\,000;$$

2. für $p = 10$ kg und 12 kg, entsprechend

$$\sigma_b = 0{,}87 \left(\frac{28}{2{,}37}\right)^2 \cdot 10 = 1214 \text{ kg}$$

und

$$\sigma_b = 0{,}87 \left(\frac{28}{2{,}37}\right)^2 \cdot 12 = 1456 \text{ kg},$$

$$\frac{1}{\alpha} = \frac{0{,}7}{0{,}137} \frac{28^4}{2{,}37^3} (12 - 10) = 471\,000;$$

3. für $p = 2$ kg und 12 kg, entsprechend

$$\sigma_b = 243 \text{ kg und } 1456 \text{ kg},$$

$$\frac{1}{\alpha} = \frac{0{,}7}{0{,}505 - 0{,}046} \frac{28^4}{2{,}37^3} (12 - 2) = 702\,000.$$

Gl. 2 liefert

$$K_b' = 0{,}87 \left(\frac{28}{2{,}37}\right)^2 \cdot 17{,}3 = 2100 \text{ kg}.$$

Der aus einem der Bruchstücke herausgehobelte **Flachstab** wurde der Biegungsprobe bei 50 cm **Auflagerentfernung** unterworfen.

No.	Breite b cm	Höhe h cm	Bruchbelastung P_{max} kg	Biegungsfestigkeit $12{,}5\,P_{max} : {}^1/_6\,b\,h^2$ kg	Bemerkungen
1	5,21	2,37	940	2408	Bruch in der Mitte, gesund.

Für die drei rund 2,4 cm starken Scheiben D, E und F finden sich hinsichtlich $\frac{1}{\alpha}$ und K_b' folgende Mittelwerthe, sofern für $\frac{1}{\alpha}$ nur je der erste Werth in Betracht gezogen wird:

$$\frac{1}{\alpha} = \frac{1128000 + 1261000 + 1095000}{3} = 1161000,$$

$$K_b' = \frac{2124 + 1947 + 2100}{3} = 2057 \text{ kg};$$

und für die Flachstäbe

$$K_b = \frac{2721 + 2822 + 2408}{3} = 2650 \text{ kg}.$$

Der Werth $\frac{1}{\alpha}$ erscheint ungefähr um $^1/_3$ gröſser, als er sich für dasselbe Material aus Biegungsversuchen ergeben haben würde, d. h. die Durchbiegung beträgt etwa nur dreiviertel des Werthes, welchen Gleichung 5 hätte erwarten lassen.

Gl. 2 liefert die Biegungsfestigkeit der Scheibe um rund $^1/_4$ kleiner als der Ausdruck $12{,}5\, P_{max} : {}^1/_6\, b h^2$ für die Flachstäbe.

Hiernach zeigen bei gleichem Material die 2,4 cm starken Scheiben (D, E und F) gegenüber denjenigen von 1,2 cm Stärke (A, B und C) ein abweichendes Verhalten, wie sich am besten erkennen lässt durch Gegenüberstellung der betreffenden Werthe.

	$h = 1{,}2$ cm	$h = 2{,}4$ cm
$\frac{1}{\alpha}$ (Scheiben, Gl. 5)	1845000	1161000
K_b' (Scheiben, Gl. 2)	2579	2057
K_b (Flachstäbe) . .	2545	2650.

Der Dehnungskoëffizient α, aus Gl. 5 bestimmt, nimmt mit wachsender Scheibenstärke bedeutend zu (für nahezu gleiche Grenzen der Materialanstrengung); die Biegungsfestigkeit, nach Gl. 2 ermittelt, erheblich ab (bei geringer Zunahme der aus Versuchen mit Flachstäben gewonnenen Biegungsfestigkeit).

Gl. 6 würde ergeben

$$\text{für Scheibe A } K_b' = \frac{1}{\varphi}\left(\frac{28}{1{,}17}\right)^2 \cdot 4{,}95 = 2835\,\frac{1}{\varphi},$$

$$\text{» » C } K_b' = \frac{1}{\varphi}\left(\frac{28}{1{,}19}\right)^2 \cdot 5{,}4 = 2990\,\frac{1}{\varphi},$$

im Durchschnitt

$$K_b' = \frac{2835 + 2990}{2}\,\frac{1}{\varphi} = 2912\,\frac{1}{\varphi};$$

$$\text{für Scheibe D } K_b' = \frac{1}{\varphi}\left(\frac{28}{2{,}37}\right)^2 \cdot 17{,}5 = 2443\,\frac{1}{\varphi},$$

$$\text{» » E } K_b' = \frac{1}{\varphi}\left(\frac{28}{2{,}39}\right)^2 \cdot 16{,}3 = 2237\,\frac{1}{\varphi},$$

$$\text{» » F } K_b' = \frac{1}{\varphi}\left(\frac{28}{2{,}37}\right)^2 \cdot 17{,}3 = 2415\,\frac{1}{\varphi},$$

im Durchschnitt

$$K_b' = \frac{2443 + 2237 + 2415}{3}\,\frac{1}{\varphi} = 2365\,\frac{1}{\varphi}.$$

Demnach

	$h = 1{,}2$ cm	$h = 2{,}4$ cm
K_b' (Scheiben, Gl. 6)	$2912\,\frac{1}{\varphi}$	$2365\,\frac{1}{\varphi}$.
K_b (Flachstäbe) . .	2545	2650
φ (aus $K_b' = K_b$) .	1,14	0,89.

Hiernach findet sich der Koëffizient φ, hinsichtlich dessen Bedeutung auf die Entwicklung (unter II) zu verweisen ist, welche zur Gl. 6 führte, für die schwachen Scheiben wesentlich gröfser als für die starken, und zwar um

$$100\,\frac{1{,}14 - 0{,}89}{1{,}14} = 22 \text{ pCt.}$$

Dementsprechend würde das durch die Gl. 2 und 6 übereinstimmend ausgesprochene Gesetz, wonach die Widerstandsfähigkeit der Scheibe mit dem Quadrate der Stärke wächst, wenigstens für das untersuchte Material nicht zutreffend sein; sie würde vielmehr mit einer geringeren als der zweiten Potenz zunehmen.

Material: Gusseisen II.

Sämmtliche Versuchskörper sind bearbeitet.

Scheibe G.

$D = 57{,}95$ cm; $h = 1{,}21$ cm.

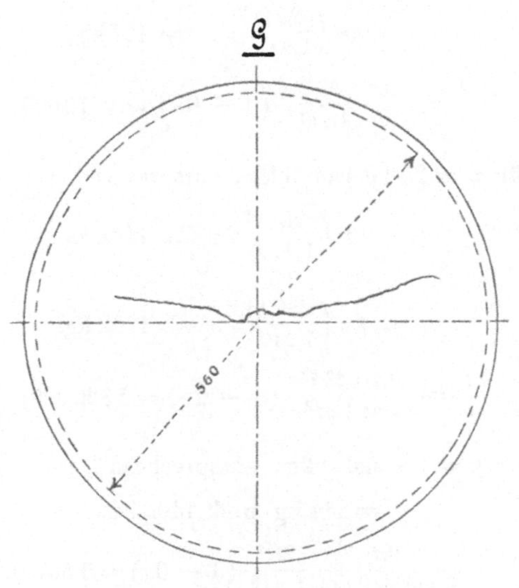

Pressung p kg	Durchbiegung y' cm	Durchbiegung Unterschied cm	Bemerkungen
0	0,000		a) Wie bei Scheibe A.
0,5	0,049	0,049	b) Bruchlinie ist in Fig. G dargestellt.
1,0	0,110	0,061	c) Bruchfläche zeigt in der Mitte fehlerhafte Stellen.
1,5	0,179	0,069	
2,0	0,261	0,082	
2,5	0,349	0,088	
3,0	0,441	0,092	
3,5	0,542	0,101	
4,0	0,646	0,104	
4,5	0,751	0,105	
5,4	Bruch erfolgt		

Nach Gl. 5 (vergl. Scheibe *A*) findet sich

1. für $p = 0{,}5$ kg und 1 kg, entsprechend

$$\sigma_b = 0{,}87 \left(\frac{28}{1{,}21}\right)^2 \cdot 0{,}5 = 234 \text{ kg}$$

und

$$\sigma_b = 0{,}87 \left(\frac{28}{1{,}21}\right)^2 \cdot 1 \quad = 467 \text{ kg},$$

$$\frac{1}{\alpha} = \frac{0{,}7}{0{,}061} \frac{28^4}{1{,}21^3} \cdot \left(1 - 0{,}5\right) = 1\,979\,000;$$

2. für $p = 2{,}5$ kg und 3 kg, entsprechend

$$\sigma_b = 0{,}87 \left(\frac{28}{1{,}21}\right)^2 . \; 2{,}5 = 1168 \text{ kg}$$

und

$$\sigma_b = 0{,}87 \left(\frac{28}{1{,}21}\right)^2 \cdot 3 \quad = 1402 \text{ kg},$$

$$\frac{1}{\alpha} = \frac{0{,}7}{0{,}092} \frac{28^4}{1{,}21^3} \cdot (3 - 2{,}5) = 1\,320\,000;$$

3. für $p = 0{,}5$ und 3 kg, entsprechend

$$\sigma_b = 234 \text{ kg und } 1402 \text{ kg},$$

$$\frac{1}{\alpha} = \frac{0{,}7}{0{,}441 - 0{,}049} \frac{28^4}{1{,}21^3} (3 - 0{,}5) = 1\,597\,000.$$

Gl. 2 ergiebt

$$K_b' = 0{,}87 \left(\frac{28}{1{,}21}\right)^2 \cdot 5{,}4 = 2523 \text{ kg}.$$

Der aus einem der beiden Bruchstücke herausgehobelte Flachstab wurde der Biegungsprobe bei 50 cm Auflagerentfernung unterzogen.

No.	Breite b cm	Höhe h cm	Bruchbelastung P_{max} kg	Biegungsfestigkeit $12{,}5\, P_{max} : {}^1/_6\, b h^2$ kg	Bemerkungen
1	7,03	1,20	380	2822	Bruch in der Mitte gesund.

Scheibe H.

$D = 57{,}95$ cm; $h = 1{,}21$ cm.

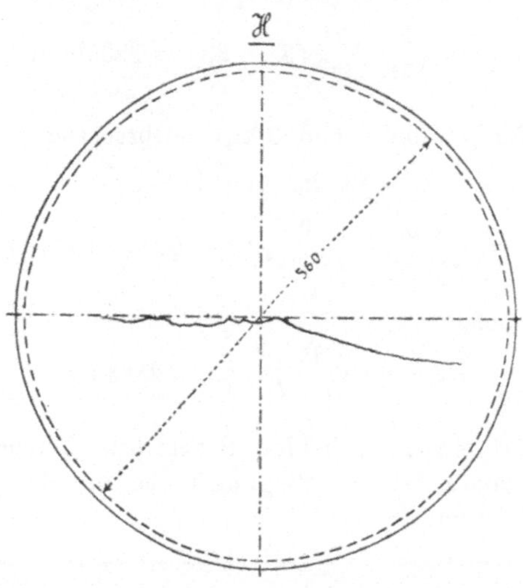

Pressung p kg	Durchbiegung y' cm	Unterschied cm	Bemerkungen
0	0,000		a) Wie bei Scheibe A.
		0,054	
0,5	0,054		b) Bruchlinie ist in Fig. H dargestellt.
		0,065	
1,0	0,119		c) Bruchfläche in der Mitte fehlerhaft.
		0,072	
1,5	0,191		
		0,078	
2,0	0,269		
		0,086	
2,5	0,355		
		0,094	
3,0	0,449		
		0,092	
3,5	0,541		
		0,098	
4,0	0,639		
5,1	Bruch erfolgt		

Nach Gl. 5 (vergl. Scheibe A) folgt

1. für $p = 0{,}5$ kg und 1 kg, entsprechend

$$\sigma_b = 234 \text{ kg und } 467 \text{ kg},$$

$$\frac{1}{\alpha} = \frac{0{,}7}{0{,}065} \frac{28^4}{1{,}21^3} (1 - 0{,}5) = 1875000;$$

2. für $p = 2{,}5$ kg und 3 kg, entsprechend

$$\sigma_b = 1168 \text{ kg und } 1402 \text{ kg},$$

$$\frac{1}{\alpha} = \frac{0{,}7}{0{,}094} \frac{28^4}{1{,}21^3} (3 - 2{,}5) = 1285000;$$

3. für $p = 0{,}5$ kg und 3 kg, entsprechend

$$\sigma_b = 234 \text{ kg und } 1402 \text{ kg},$$

$$\frac{1}{\alpha} = \frac{0{,}7}{0{,}449 - 0{,}054} \frac{28^4}{1{,}21^3} (3 - 0{,}5) = 1528000.$$

Gl. 2 liefert

$$K_b' = 0{,}87 \left(\frac{28}{1{,}21}\right)^2 \cdot 5{,}1 = 2383 \text{ kg}.$$

Der aus einem der beiden Bruchstücke herausgehobelte Flachstab ergab bei der Biegungsprobe mit der Auflagerentfernung 50 cm:

No.	Breite b cm	Höhe h cm	Bruchbelastung P_{max} kg	Biegungsfestigkeit $12{,}5\, P_{max} : {}^1/_6\, b h^2$ kg	Bemerkungen
1	7,95	1,20	445	2915	Bruch in der Mitte, gesund.

Im Durchschnitt findet sich für die beiden rund 1,2 cm starken Scheiben G und H

$$\frac{1}{\alpha} \text{ (Scheiben)} = \frac{1979000 + 1875000}{2} = 1927000$$

$$K_b' \text{ (Scheiben)} = \frac{2523 + 2383}{2} = 2453 \text{ kg}$$

$$K_b \text{ (Flachstäbe)} = \frac{2822 + 2915}{2} = 2868 \text{ kg}.$$

Hinsichtlich des Dehnungskoëffizienten α, bezw. der Durchbiegung y', gilt demnach dasselbe, was bei den Scheiben A und C ausgesprochen wurde. Im Ganzen ist hier α etwas kleiner, was in Uebereinstimmung steht mit den hohen Werthen, welche K_b für die Flachstäbe aufweist.

Bezüglich K_b' ist zu berücksichtigen, dass die Bruchflächen in der Mitte der Scheiben fehlerhafte Stellen zeigen, welche wahrscheinlich wesentlichen Einfluss (K_b' vermindernd) genommen haben.

Material: Flussstahlblech.

Erste Scheibe Y, bearbeitet.

$D = 58$ cm; $h = 0{,}85$ cm.

Pressung p kg/qcm	Durchbiegung y' cm	Unterschied cm	Bemerkungen
0	0,000		Die Schrauben (zwischen Ober- und Untertheil) waren nicht stark angezogen, infolge dessen beim Uebergange von 3,5 zu 4 kg Pressung erhebliches Lecken eintrat, weshalb Nachdrehen der Muttern vorgenommen wurde. Dasselbe geschah zwischen 4,5 und 5 kg Pressung.
0,5	0,050	0,050	
1,0	0,106	0,056	
1,5	0,166	0,060	
2,0	0,234	0,068	
2,5	0,300	0,066	
3,0	0,371	0,071	
3,5	0,450	0,079	
Schrauben	werden	angezogen	
4,0	0,542		
4,5	0,585	0,043	
Schrauben	werden	angezogen	
5	0,630		
10	1,159	0,529	
15	1,722	0,563	

Nach Gl. 5 ergiebt sich

1. für $p = 0{,}5$ kg und $p = 1$ kg, entsprechend

$$\sigma_b = 0{,}87 \left(\frac{28}{0{,}85}\right)^2 \cdot 0{,}5 = 474 \text{ kg}$$

und

$$\sigma_b = 0{,}87 \left(\frac{28}{0{,}85}\right)^2 \cdot 1 = 957 \text{ kg},$$

$$\frac{1}{\alpha} = \frac{0{,}7}{0{,}056} \frac{28^4}{0{,}85^3} (1 - 0{,}5) = 6257000;$$

2. für $p = 2{,}5$ kg und $p = 3$ kg, entsprechend

$$\sigma_b = 0{,}87 \left(\frac{28}{0{,}85}\right)^2 \cdot 2{,}5 = 2368 \text{ kg}$$

und

$$\sigma_b = 0{,}87 \left(\frac{28}{0{,}85}\right)^2 \cdot 3 = 2842 \text{ kg},$$

$$\frac{1}{\alpha} = \frac{0{,}7}{0{,}071} \cdot \frac{28^4}{0{,}85^3} \cdot (3 - 2{,}5) = 4905000.$$

Der für die Pressungsgrenzen $p = 0{,}5$ kg und $p = 1$ kg erhaltene Werth von $\frac{1}{\alpha}$ ist fast 3 mal so grofs, als der durch Zug- oder Biegungsversuche mit prismatischen Stäben erlangte Werth sein würde. Während dieser innerhalb der Proportionalitätsgrenze unveränderlich ist, ergeben sich für die Scheibe die Durchbiegungsunterschiede mit p wachsend, also $\frac{1}{\alpha}$ abnehmend.

Anziehen der Schrauben, d. h. stärkeres Anpressen der Scheibe gegen den abdichtenden Kupferring einerseits und die stützende Ringfläche andererseits hat zur Folge: ganz erhebliche Verminderung des Durchbiegungsunterschiedes (von 0,079 zwischen $p = 3$ und 3,5 kg auf 0,043 zwischen $p = 4$ und 4,5 kg) und damit bedeutende Erhöhung der Gröfse $\frac{1}{\alpha}$ von

$$\frac{1}{\alpha} = \frac{0{,}7}{0{,}079} \frac{28^4}{0{,}85^3} (3{,}5 - 3) = 4434000$$

auf

$$\frac{1}{\alpha} = \frac{0{,}7}{0{,}043} \frac{28^4}{0{,}85^3} (4{,}5 - 4) = 8147000.$$

Deutlich erhellt hieraus der hervorragende Einfluss der Kraft, mit welcher die Scheibe im Vorhinein gegen die Dichtung und gegen ihr Widerlager gepresst wird.

Zweite Scheibe Z.

$D = 58$ cm; $h = 1{,}01$ cm.

Pressung p kg/qcm	Durchbiegung y' cm	Durchbiegung Unterschied cm	Bemerkungen
0	0,100		
		0,043	
0,5	0,143		
		0,047	
1,0	0,190		
		0,049	
1,5	0,239		
		0,054	
2,0	0,293		
		0,054	
2,5	0,347		
		0,061	
3,0	0,408		
		0,057	
3,5	0,465		
		0,057	
4,0	0,522		
		0,061	
4,5	0,583		

Nach Gl. 5 wird

1. für $p = 0{,}5$ kg und $p = 1$ kg, entsprechend

$$\sigma_b = 0{,}87 \left(\frac{28}{1{,}01}\right)^2 \cdot 0{,}5 = 334 \text{ kg}$$

und

$$\sigma_b = 0{,}87 \left(\frac{28}{1{,}01}\right)^2 \cdot 1 = 669 \text{ kg},$$

$$\frac{1}{\alpha} = \frac{0{,}7}{0{,}047} \frac{28^4}{1{,}01^3} (1 - 0{,}5) = 4\,444\,000;$$

2. für $p = 3{,}5$ kg und $p = 4$ kg, entsprechend

$$\sigma_b = 0{,}87 \left(\frac{28}{1{,}01}\right)^2 \cdot 3{,}5 = 2341 \text{ kg}$$

und

$$\sigma_b = 0{,}87 \left(\frac{28}{1{,}01}\right)^2 \cdot 4 = 2675 \text{ kg},$$

$$\frac{1}{\alpha} = \frac{0{,}7}{0{,}057} \frac{28^4}{1{,}01^3} (4 - 3{,}5) = 3\,664\,000.$$

Für die stärkere Scheibe finden sich demnach kleinere Werthe für $\frac{1}{\alpha}$ [1]). Immerhin aber sind dieselben noch viel gröſser, als die Ergebnisse von Zug- oder Biegungsversuchen mit prismatischen Stäben erwarten lassen.

Die Scheibe Z, welche bis auf mehrere Centimeter durchgebogen worden war, wurde gerade gerichtet, ausgeglüht und sodann bis auf 8,4 mm Stärke abgearbeitet. Sie sei in diesem Zustande mit

$$Z_0$$

bezeichnet.

Pressung p kg/qcm	Durchbiegung y' cm	Unterschied cm	Bemerkungen
0,1	0,0230		0,0665 cm für 0,6 kg Pressungsunterschied[2]), womit nach Gl. 5 $\frac{1}{\alpha} = \frac{0{,}7}{0{,}0665} \frac{28^4}{0{,}84^3} \cdot 0{,}6 = 6540000$
		0,0225	
0,3	0,0455		
		0,0220	
0,5	0,0675		
		0,0220	
0,7	0,0895		
Die kräftig angezogenen Schrauben werden etwas gelöst			
0,1	0,011		0,073 cm Unterschied $\frac{1}{\alpha} = \frac{0{,}7}{0{,}073} \frac{28^4}{0{,}84^3} \cdot 0{,}6 = 5970000$
		0,025	
0,3	0,036		
		0,025	
0,5	0,061		
		0,023	
0,7	0,084		
Schrauben weiter gelöst			
0,1	0,011		0,0885 cm Unterschied $\frac{1}{\alpha} = \frac{0{,}7}{0{,}0885} \frac{28^4}{0{,}84^3} \cdot 0{,}6 = 4920000$
		0,0285	
0,3	0,0395		
		0,030	
0,5	0,0695		
		0,030	
0,7	0,0995		
Schrauben noch mehr gelöst			
0,1	0,029		0,114 cm Unterschied $\frac{1}{\alpha} = \frac{0{,}7}{0{,}114} \frac{28^4}{0{,}84^3} \cdot 0{,}6 = 3820000$
		0,035	
0,3	0,064		
		0,039	
0,5	0,103		
		0,040	
0,7	0,143		

[1]) Dieses Ergebniss entspricht ganz demjenigen, was wir für die stärkeren Gusseisenscheiben, verglichen mit den schwächeren, fanden.

[2]) Würde es auf die absolute Gröſse der Belastung ankommen, so müsste bei derartig kleinen Pressungen, wie z. B. $p = 0{,}1$ kg, das Eigengewicht der Scheibe in Rechnung gestellt werden. Da es hier

Hiernach hat das Lösen der Schrauben ganz erhebliche Verminderung von $\frac{1}{\alpha}$ zur Folge.

Diese Ergebnisse bestetigen das für die Scheibe Y daselbst am Schlusse Bemerkte vollständig.

2. Elliptische Platten.

Fig. 4 und 5.

Bezeichnungen:

A die grofse Achse des Umfanges der Platte,
B » kleine » » » » »
h » Stärke der Platte,
a » mittlere grofse Achse der elliptischen (0,25 cm breiten) Ringfläche, gegen welche sich die von unten angepresste Platte stützt = 50,7 cm[1]),
b die mittlere kleine Achse dieser Ringfläche = 34,0 cm,
p » Flüssigkeitspressung in kg/qcm,
y' » Durchbiegung der Platte in der Mitte.

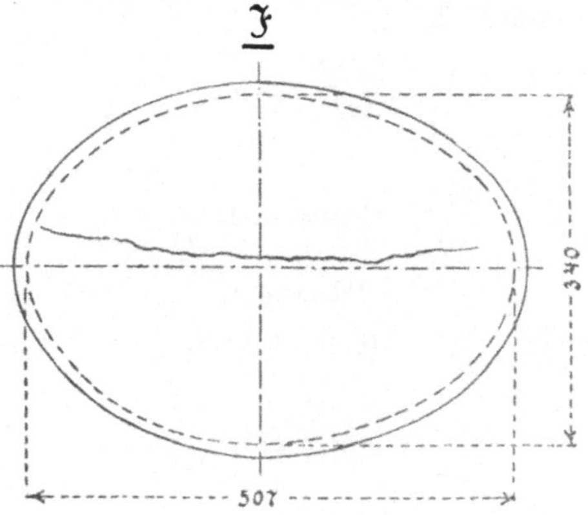

jeweils nur auf den Unterschied zweier Pressungen ankommt, so entfällt das Eigengewicht.

Die Pressungen wurden absichtlich klein gewählt, um so geringe Durchbiegungen zu erhalten, dass die Scheibe mit ausreichender Genauigkeit als eben betrachtet werden durfte.

[1]) Vorgeschrieben war der ausführenden Maschinenfabrik 510 mm, entsprechend einem Achsenverhältnisse 510 : 340 = 3 : 2.

Material: Gusseisen II.

Sämmtliche Versuchskörper sind bearbeitet.

Platten von rund 1,2 cm Stärke.

Platte J, bearbeitet.

$A = 53{,}2$ cm; $B = 36{,}2$ cm; $h = 1{,}21$ cm.

Pressung p kg/qcm	Durchbiegung y' cm	Unterschied cm	Bemerkungen
0	0,000		a) Wie bei Scheibe A.
		0,041	
1,0	0,041		b) Bruchlinie ist in Fig. J dargestellt.
		0,026	
2,0	0,067		c) Bruchlinie bis auf eine aufsen gelegene Stelle gesund.
		0,025	
3,0	0,092		
		0,046	
4,0	0,138		
		0,051	
5,0	0,189		
		0,110	
6,0	0,299		
15,9	Bruch erfolgt		

Gl. 10 würde liefern

$$K_b' = {}^1/_2 \, \frac{1}{\varphi} \, \frac{1}{1 + \left(\frac{34{,}0}{50{,}7}\right)^2} \left(\frac{34}{1{,}21}\right)^2 \cdot 15{,}9$$

$$= {}^1/_2 \, \frac{1}{\varphi} \, \frac{1}{1{,}45} \left(\frac{34}{1{,}21}\right)^2 \cdot 15{,}9 = 4341 \, \frac{1}{\varphi}.$$

Platte K.

$A = 53{,}2$ cm; $B = 36{,}2$ cm; $h = 1{,}19$ cm.

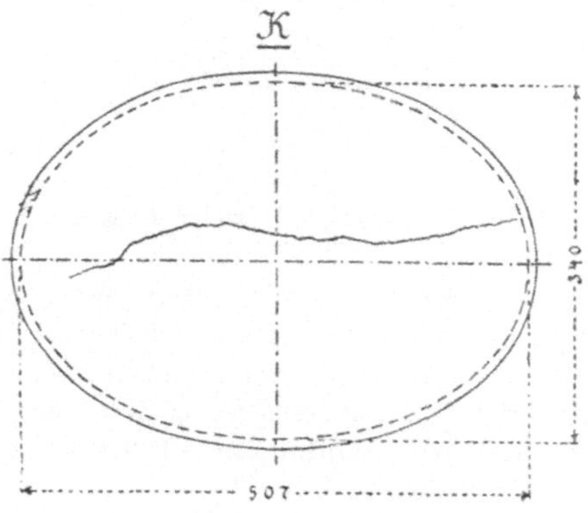

Pressung p kg/qcm	Durchbiegung y' cm	Unterschied cm	Bemerkungen
0	0,000		a) Wie bei Scheibe A.
		0,020	
1	0,020		b) Bruchlinie ist in Fig. K dargestellt.
		0,028	
2	0,048		c) Bruchfläche bis auf eine 11 cm aus der Mitte gelegene Stelle gesund.
		0,036	
3	0,084		
		0,040	
4	0,124		
		0,049	
5	0,173		
		0,058	
6	0,231		
13,3	Bruch erfolgt		

Gl. 10 ergiebt

$$K_b' = {}^1/_2 \frac{1}{\varphi} \frac{1}{1+\left(\frac{34,0}{50,7}\right)^2} \left(\frac{34}{1,19}\right)^2 13,3 = 3733 \frac{1}{\varphi}.$$

Platte L.

$A = 53,2$ cm; $B = 36,1$ cm; $h = 1,21$ cm.

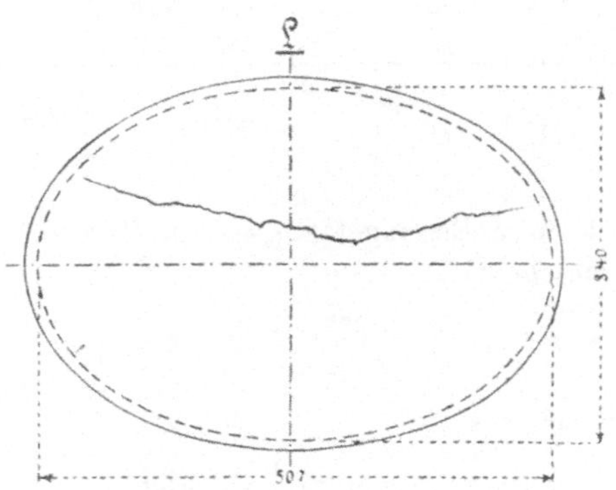

Pressung p kg/qcm	Durchbiegung y' cm	Unterschied cm	Bemerkungen
0	0,000		a) Wie bei Scheibe A.
		0,022	
1	0,022		b) Bruchlinie ist in Fig. L dargestellt.
		0,030	
2	0,052		c) Bruchfläche gesund bis auf eine 10 cm aus der Mitte gelegene Stelle.
		0,032	
3	0,084		
		0,038	
4	0,122		
		0,046	
5	0,168		
		0,053	
6	0,221		
14,6	Bruch erfolgt		

Gl. 10 liefert

$$K_b' = {}^1\!/_2 \, \frac{1}{\varphi} \, \frac{1}{1 + \left(\frac{34,0}{50,7}\right)^2} \left(\frac{34}{1,21}\right)^2 \cdot 14,6 = 3986 \, \frac{1}{\varphi}.$$

Der aus dem einen Bruchstücke herausgearbeitete Flachstab ergab bei der Biegungsprobe mit der Auflagerentfernung 50 cm

Breite b cm	Höhe h cm	Bruchbelastung P_{max} kg	Biegungsfestigkeit $12,5\,P_{max} : {}^1\!/_6\,b\,h^2$ kg	Bemerkungen
6,05	1,21	320	2759	Bruch in der Mitte, gesund.

Wird diese Biegungsfestigkeit in Vergleich gesetzt mit dem Durchschnitt

$$K_b' = \frac{4341 + 3733 + 3986}{3} \, \frac{1}{\varphi} = 4020 \, \frac{1}{\varphi},$$

so findet sich aus

$$4020 \, \frac{1}{\varphi} = 2759$$

$$\varphi = 1,46.$$

Platten von rund 2,2 cm Stärke.

Platte M.

$A = 53{,}0$ cm; $B = 36{,}2$ cm; $h = 2{,}17$ cm.

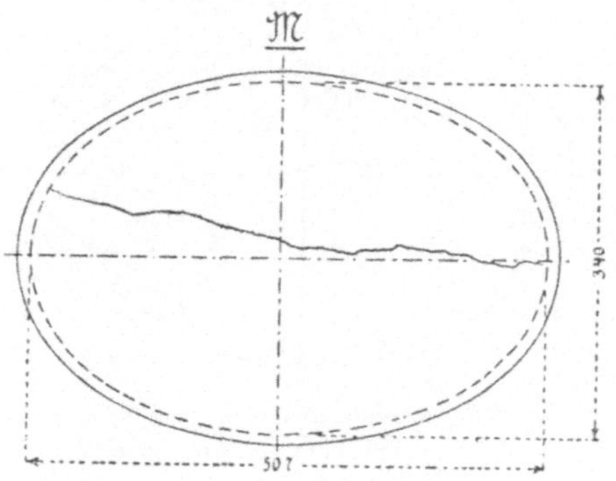

Pressung p kg/qcm	Durchbiegung y' cm	Unterschied cm	Bemerkungen
0	0,000		a) Wie bei Scheibe A.
		0,025	
5	0,025		b) Bruchlinie Fig. M.
		0,036	
10	0,061		c) Bruchfläche gesund.
		0,048	
15	0,109		
		0,060	
20	0,169		
		0,082	
25	0,251		
32,3	Bruch erfolgt		

Nach Gl. 10 ist

$$K_b' = {}^1\!/_2 \, \frac{1}{\varphi} \, \frac{2}{1 + \left(\frac{34{,}0}{50{,}7}\right)^2} \left(\frac{34}{2{,}17}\right)^2 32{,}3 = 2734 \cdot \frac{1}{\varphi}.$$

Platte N.

$A = 53{,}2$ cm; $B = 36{,}2$ cm; $h = 2{,}19$ cm.

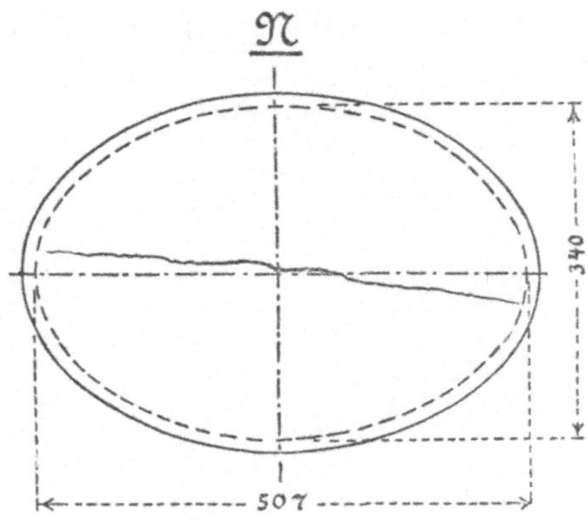

Pressung p kg/qcm	Durchbiegung y' cm	Unterschied cm	Bemerkungen
0	0,000		a) Wie bei Scheibe A.
		0,020	
5	0,020		b) Bruchlinie Fig. N.
		0,033	
10	0,053		c) Platte wurde nicht zerschlagen.
		0,045	
15	0,098		
		0,061	
20	0,159		
		0,081	
25	0,240		
33,7	Bruch erfolgt		

Nach Gl. 10 ist

$$K_b' = {}^1/_2 \, \frac{1}{\varphi} \, \frac{1}{1 + \left(\frac{34{,}0}{50{,}7}\right)^2} \left(\frac{34}{2{,}19}\right)^2 \cdot 33{,}7 = 2799 \cdot \frac{1}{\varphi}\,.$$

Platte O.

$A = 53{,}2$ cm; $B = 36{,}2$ cm; $h = 2{,}13$ cm.

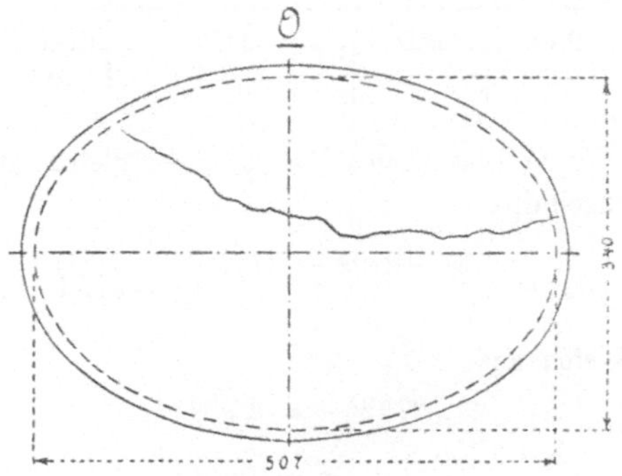

Pressung p kg/qcm	Durchbiegung y' cm	Unterschied cm	Bemerkungen
0	0,000		a) Wie bei Scheibe A.
		0,026	
5	0,026		b) Bruchlinie Fig. O.
		0,033	
10	0,059		c) Bruchfläche in der Mitte gesund, aufsen zwei fehlerhafte Stellen.
		0,043	
15	0,102		
		0,054	
20	0,156		
		0,084	
25	0,240		
31	Bruch erfolgt		

Nach Gl. 10 ist

$$K_b' = {}^1\!/_2 \, \frac{1}{\varphi} \, \frac{1}{1 + \left(\frac{34{,}0}{50{,}7}\right)^2} \left(\frac{34}{2{,}13}\right)^2 31 = 2722 \cdot \frac{1}{\varphi}.$$

Der aus dem einen Bruchstücke herausgearbeitete Flachstab ergab bei der Biegungsprobe mit der Auflagerentfernung von 50 cm

Breite b cm	Höhe h cm	Bruchbelastung P_{max} kg	Biegungsfestigkeit $12,5\, P_{max} : {}^1/_6\, b h^2$ kg	Bemerkungen
4,07	2,13	650	2759	Bruch in der Mitte, gesund

Wird diese Biegungsfestigkeit in Vergleich gebracht mit dem Durchschnitte

$$K_b' = \frac{2734 + 2799 + 2722}{3} \frac{1}{\varphi} = 2752 \frac{1}{\varphi},$$

so ergiebt sich aus

$$2752 \frac{1}{\varphi} = 2759$$

$$\varphi = 0{,}997.$$

Die Zusammenstellung dieser Ergebnisse mit denjenigen, welche für die 1,2 cm starken elliptischen Platten erhalten wurden, liefert

	$h = 1{,}2$ cm	$h = 2{,}2$ cm
K_b' (Platten Gl. 10)	$4020 \frac{1}{\varphi}$	$2752 \frac{1}{\varphi}$
K_b (Flachstäbe). .	2759	2759
$\varphi = \frac{K_b'}{K_b}$	1,46	0,997,

d. h. die 1,2 cm starken Platten zeigen eine wesentlich höhere Festigkeit (durch K_b' gemessen) als die 2,2 cm starken.

Es entspricht dies ganz dem, was oben für die kreisförmigen Scheiben gefunden worden ist.

3. Rechteckige Platten,

Fig. 6 und 7.

Bezeichnungen:

A die große Seite des rechteckigen Umfanges der Platte,

B die kleine Seite des rechteckigen Umfanges der Platte,

h die Stärke der Platte,

a » mittlere grofse Seite der rechteckigen Ringfläche (von 0,25 cm Breite), gegen welche sich die von unten gepresste Platte stützt,

b die mittlere kleine Seite dieser Ringfläche,

p » Flüssigkeitspressung in kg/qcm,

y' » Durchbiegung der Platte in der Mitte.

Material: Gusseisen I.

Sämmtliche Versuchskörper sind bearbeitet.

Es betrug mit nur geringen Abweichungen

$$A = a + 2 \text{ cm}; \quad B = b + 2 \text{ cm}.$$

Quadratische Platten.

$a = b = 36{,}0$ cm.

Pressung p kg	Platte P, $h = 1{,}17$ cm		Platte Q, $h = 1{,}19$ cm		Platte R, $h = 1{,}18$ cm		Durchschnitt	
	y' cm	Unterschied cm	y' cm	Unterschied cm	y' cm	Unterschied cm	y' cm	Unterschied cm
0	0,000		0,000		0,000		0,000	
		0,054		0,056		0,052		0,054
2	0,054		0,056		0,052		0,054	
		0,068		0,064		0,068		0,067
4	0,122		0,120		0,120		0,121	
		0,098		0,093		0,085		0,092
6	0,220		0,213		0,205		0,213	
		0,121		0,102		0,100		0,107
8	0,341		0,315		0,305		0,320	

Bemerkungen.

a) Wie bei Scheibe A.

b) Bruch tritt ein:

bei Platte P für $p = 11{,}7$ kg, Bruchfläche in der Mitte fehlerhaft,
» » Q » $p = 14{,}4$ » Bruchfläche gesund,
» » R » $p = 13{,}0$ » Bruchfläche gegen die Mitte hin fehlerhaft.

Die Bruchlinien sind in den Fig. P, Q und R dargestellt. Wie besonders die gesunde Platte Q erkennen lässt, folgen sie der Diagonale.

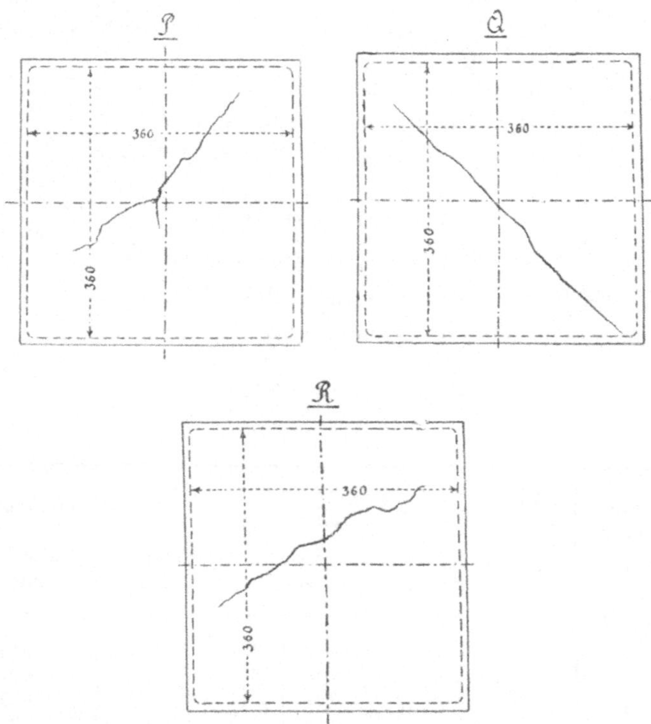

Mit Gl. 14 wird erhalten

$$\text{für Platte P} \quad K_b' = {}^1/_4 \, \frac{1}{\varphi} \left(\frac{36}{1{,}17}\right)^2 \cdot 11{,}7 = 2767 \, \frac{1}{\varphi}$$

$$\text{» » Q} \quad K_b' = {}^1/_4 \, \frac{1}{\varphi} \left(\frac{36}{1{,}19}\right)^2 \cdot 14{,}4 = 3285 \, \frac{1}{\varphi}$$

$$\text{» » R} \quad K_b' = {}^1/_4 \, \frac{1}{\varphi} \left(\frac{36}{1{,}18}\right)^2 \cdot 13 \quad = 3030 \, \frac{1}{\varphi}.$$

Im Durchschnitt unter Ausscheidung der mit einem starken Fehler behafteten Platte P

$$K_b' = \frac{3285 + 3030}{2} \frac{1}{\varphi} = 3157 \frac{1}{\varphi}.$$

Wird dieser Werth K_b' in Vergleich gestellt mit derjenigen Biegungsfestigkeit, welche für das gleiche Gusseisen im Durchschnitte zu $K_b = 2545$ (vergl. Scheibe B) erhalten wurde, so findet sich

$$2545 = 3157 \frac{1}{\varphi}.$$

$$\varphi = 1{,}24.$$

Rechteckige Platten.

$a = 36$ cm; $b = 24$ cm.

S

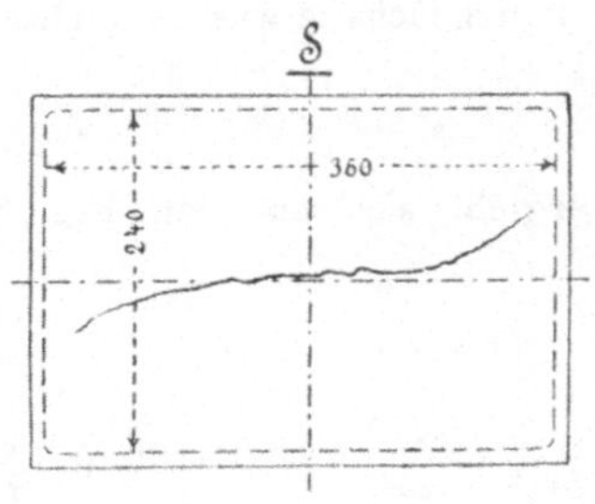

T

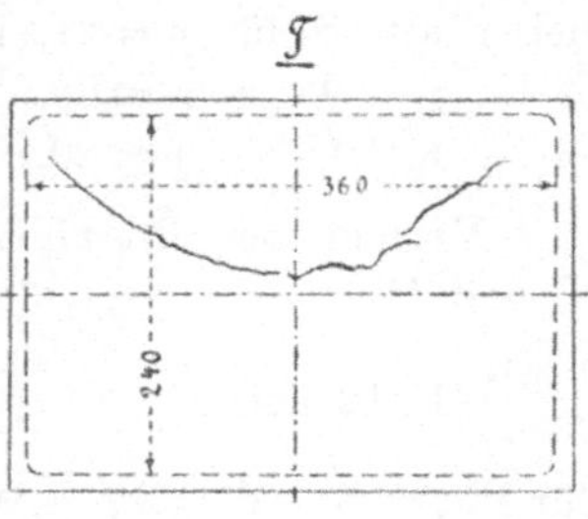

U

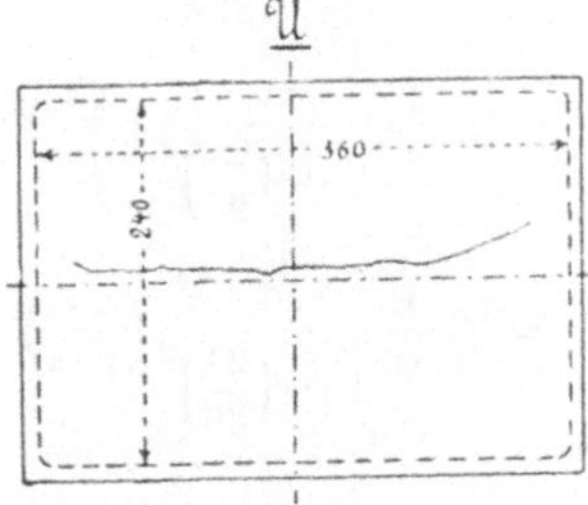

Pressung p	Platte S, $h = 1{,}20$ cm		Platte T, $h = 1{,}18$ cm		Platte U, $h = 1{,}18$ cm		Durchschnitt	
	y'	Unterschied	y'	Unterschied	y'	Unterschied	y'	Unterschied
kg/qcm	cm	cm	cm	cm	cm	cm	cm	cm
0	0,000	0,013	0,000	0,017	0,000	0,017	0,000	0,016
2	0,013	0,021	0,017	0,026	0,017	0,024	0,016	0,023
4	0,034	0,027	0,043	0,030	0,041	0,030	0,039	0,029
6	0,061	0,031	0,073	0,037	0,071	0,034	0,068	0,034
8	0,092	0,040	0,110	0,040	0,105	0,037	0,102	0,039
10	0,132	0,047	0,150	0,048	0,142	0,045	0,141	0,047
12	0,179		0,198		0,187	0,049	0,188	0,048
14	—		—		0,236	0,055	0,236	0,055
16	—		—		0,291	0,063	0,291	0,063
18	—		—		0,354		0,354	

Bemerkungen.

a) Wie bei Scheibe A.

b) Bruch tritt ein:

bei Platte S für $p = 21{,}3$ kg, Bruchfläche etwas fehlerhaft,
» » T » $p = 20{,}3$ » » » »
» » U » $p = 20{,}2$ » » » »

Verlauf der Bruchlinien ergiebt sich aus den Fig. S, T und U.

Gl. 12 liefert

für Platte S $$K_b' = {}^1/_2 \frac{1}{\varphi} \frac{1}{1 + \left(\frac{24}{36}\right)^2} \left(\frac{24}{1{,}20}\right)^2 \cdot 21{,}3 = 2949 \frac{1}{\varphi},$$

» » T $$K_b' = {}^1/_2 \frac{1}{\varphi} \frac{1}{1 + \left(\frac{24}{36}\right)^2} \left(\frac{24}{1{,}18}\right)^2 \cdot 20{,}3 = 2912 \frac{1}{\varphi},$$

» » U $$K_b' = {}^1/_2 \frac{1}{\varphi} \frac{1}{1 + \left(\frac{24}{36}\right)^2} \left(\frac{24}{1{,}18}\right)^2 \cdot 20{,}2 = 2898 \frac{1}{\varphi}$$

$$\text{Durchschnitt} = 2920 \cdot \frac{1}{\varphi}.$$

Der Vergleich, wie oben bei den quadratischen Platten durchgeführt, liefert

$$2545 = 2920 \frac{1}{\varphi},$$

$$\varphi = 1{,}15.$$

Rechteckige Platten.

$a = 36$ cm, $\quad b = 12$ cm.

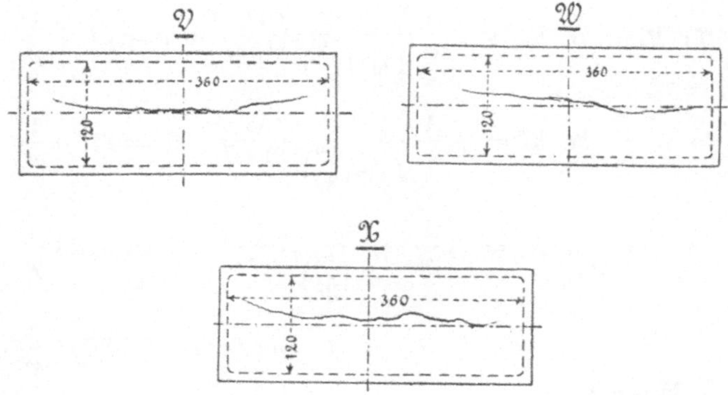

Pressung p kg	Platte V $h = 1{,}19$ cm y' cm	Platte V Unterschied cm	Platte W $h = 1{,}20$ cm y' cm	Platte W Unterschied cm	Platte X $h = 1{,}18$ cm y' cm	Platte X Unterschied cm
0	0,000		0,000		0,000	
4	0,035	0,035	0,010	0,010	—	
8	0,070	0,035	0,030	0,020	0,030	
12	0,105	0,035	0,060	0,030	0,055	0,025
16	0,150	0,045	0,100	0,040	0,095	0,040
20	0,195	0,045	0,140	0,040	0,130	0,035
24	0,245	0,050	0,190	0,050	0,170	0,040
28	—		0,250	0,060	0,220	0,050
32	—		0,315	0,065	0,280	0,060

Bemerkungen.

a) Wie bei Scheibe A.

b) Bruch erfolgt:

bei Platte V für $p = 60{,}5$ kg
» » W » $p = 66$ »
» » X » $p = 67$ »

Verlauf der Bruchlinie ist in den Fig. V, W und X dargestellt.

Nach Gl. 12 findet sich

für Platte V $K_b' = {}^1/_2 \frac{1}{\varphi} \frac{1}{1+\left(\frac{12}{36}\right)^2} \left(\frac{12}{1{,}19}\right)^2 \cdot 60{,}5 = 2761 \frac{1}{\varphi}$

» » W $K_b' = {}^1/_2 \frac{1}{\varphi} \frac{1}{1+\left(\frac{12}{36}\right)^2} \left(\frac{12}{1{,}20}\right)^2 \cdot 66 = 2970 \frac{1}{\varphi}$

» » X $K_b' = {}^1/_2 \frac{1}{\varphi} \frac{1}{1+\left(\frac{12}{36}\right)^2} \left(\frac{12}{1{,}18}\right)^2 \cdot 67 = 3123 \frac{1}{\varphi}$

Durchschnitt $= 2951 \frac{1}{\varphi}$.

Hiermit

$$2545 = 2951 \frac{1}{\varphi}$$

$$\varphi = 1{,}16.$$

Wäre statt der Gl. 12 das von Grashof (»Theorie der Elasticität und Festigkeit«, No. 235, S. 368) entwickelte Gesetz

$$\max (E\varepsilon_y) = {}^1/_2 \frac{1}{1+\left(\frac{b}{a}\right)^4} \left(\frac{b}{h}\right)^2 p,$$

zum Vergleich herangezogen worden, so fände sich nach Hinzufügung eines Berichtigungskoëffizienten φ

$$(K_b') = {}^1/_2 \frac{1}{\varphi} \frac{1}{1+\left(\frac{b}{a}\right)^4} \left(\frac{b}{h}\right)^2 p.$$

Diese Gröfse steht zu der aus Gl. 12 bestimmten in dem Verhältnisse

$$(K_b') : K_b' = \frac{1}{1+\left(\frac{b}{a}\right)^4} : \frac{1}{1+\left(\frac{b}{a}\right)^2} = \left\{1+\left(\frac{b}{a}\right)^2\right\} : \left\{1+\left(\frac{b}{a}\right)^4\right\}.$$

Das ergiebt

für $a : b = 36 : 36 = 1 : 1$ $\quad (K_b') : K_b' = 1{,}00 : 1,$

» $a : b = 36 : 24 = 3 : 2$ $\quad (K_b') : K_b' = 1{,}21 : 1,$

» $a : b = 36 : 12 = 3 : 1$ $\quad (K_b') : K_b' = 1{,}10 : 1,$

und mit den oben für K_b' gefundenen Werthen

	K_b'	(K_b')
$a : b = 1 : 1$	$3157 \frac{1}{\varphi}$	$3157 \frac{1}{\varphi}$
$a : b = 3 : 2$	$2920 \frac{1}{\varphi}$	$3533 \frac{1}{\varphi}$
$a : b = 3 : 1$	$2951 \frac{1}{\varphi}$	$3246 \frac{1}{\varphi}$.

Die Werthe von (K_b') weichen unter sich mehr von einander ab, als diejenigen von K_b'; aufserdem sind sie für die langgestreckten Platten gröfser, als für die quadratischen, während hinsichtlich K_b' das Umgekehrte stattfindet.

Zweiter Abschnitt.

Platten, in der Mitte belastet.

Im ersten Abschnitt unter III erkannten wir, dass selbst bei der einfachen Sachlage in Fig. 1 — sehr schmale Stützfläche befindet sich senkrecht über der gleichfalls schmalen Dichtungsfläche — die von der Flüssigkeit bewirkte Durchbiegung in aufserordentlich hohem Mafse beeinflusst erscheint von der Kraft, mit welcher die Scheibe einerseits gegen den abdichtenden Kupferring, andererseits gegen die stützende Ringfläche gepresst wird.

So fand sich beispielsweise für die Scheibe Y (Flussstahlblech) der aus Gl. 5 berechnete Dehnungskoëffizient vor dem Anziehen der Schrauben, welche Ober- und Untertheil des Apparates verbinden, zu

$$\alpha = \frac{1}{4\,434\,000}$$

und **nach** dem Anziehen derselben

$$\alpha = \frac{1}{8\,147\,000}.$$

Für die Scheibe Z (Flussstahlblech) ergab sich bei kräftig angezogenen Schrauben

$$\alpha = \frac{1}{6\,540\,000};$$

durch allmähliches Lösen der Muttern, welches jedoch nur soweit fortgesetzt wurde, als es die Aufrechterhaltung der Abdichtung gestattete, wuchs der Dehnungskoëffizient, ermittelt aus Gl. 5, bis auf

$$\alpha = \frac{1}{3\,820\,000}$$

an.

Diese Erkenntniss, im Verein mit dem Umstande, dass sich stärkere Scheiben verhältnissmäfsig weniger widerstandsfähig erwiesen als schwächere, infolgedessen die in den Gl. 2 und 6 übereinstimmend ausgesprochene Gesetzmäfsigkeit des Einflusses von h unzutreffend erschien (vgl. z. B. Schlusserörterung bei Scheibe F), und in Gemeinschaft mit dem Ergebniss, dass die Versuche mit den Scheiben durchaus einen weit kleineren Werth für α lieferten als Gl. 5 erwarten liefs, sprach deutlich für die Nothwendigkeit, ebene Platten auch noch unter Umständen zu prüfen, unter denen ein Anpressen derselben gegen die Stützfläche im Vornhinein nicht oder nur ganz unbedeutend stattfindet. Es erschien mir unzulässig, namentlich das in wissenschaftlicher wie praktischer Hinsicht bedeutungsvolle Ergebniss, dass die Widerstandsfähigkeit der Scheiben mit einer geringeren als der zweiten Potenz der Stärke wachse, ohne möglichste und zuverlässige Klarstellung bekannt zu geben.

Diese Erwägungen führten mich zu dem Entschluss, auch noch Versuche mit plattenförmigen Körpern durchzuführen, welche in der Mitte durch eine Einzelkraft belastet werden.

I. Versuchseinrichtungen.

Zur Erzeugung der belastenden Kraft lag es nahe, unter Beibehaltung des Obertheiles *B* und des Messinstrumentes *C* (Fig. 1), ein neues Untertheil mit Presscylinder und Presskolben zu konstruiren, etwa wie in Fig. 12 dargestellt ist.

Fig. 12.

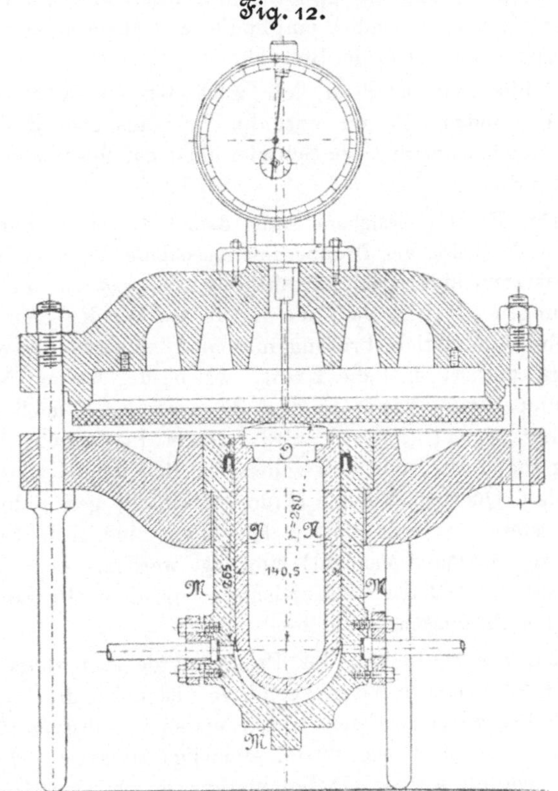

Dieser Idee widersprach aber sofort die Schwierigkeit, welche sich bei Feststellung der Gröfse der belastenden Kraft infolge der auftretenden Manschettenreibung bieten musste, da eine genaue rechnungsmäfsige Bestimmung der letzteren nicht in

Aussicht genommen werden konnte. Den Gedanken, luftdicht eingeschliffenen Kolben (ohne Dichtungsmaterial) anzuwenden, wie ich solche in den 70er Jahren bis 150 mm Durchmesser vielfach für Feuerspritzen zur Ausführung gebracht habe[1]), liefs ich bald wieder fallen: erstens mit Rücksicht auf die Schwierigkeit der Herstellung, namentlich wenn bei hohen Pressungen auf Dichtheit gerechnet werden soll, und zweitens in Erwägung, dass ein Apparat mit eingeschliffenem Kolben immer ein aufserordentlich empfindliches Instrument ist. Auch der Kostenpunkt kam in Betracht.

Schliefslich entschied ich mich für die Konstruktion Fig. 12, indem ich mir vornahm, die aus dem Reibungswiderstande entspringende Schwierigkeit auf folgendem Wege zu überwinden.

Der Presse, bestehend aus dem Cylinder M und dem Kolben N (beide aus Bronze mit Ausnahme des dem Kolben aufgesetzten, abgerundeten Stahlkopfes O), wurden solche Abmessungen gegeben, dass sie in die mit Werder'scher Wage versehene Material-Prüfungsmaschine eingespannt werden konnte derart, dass die Kraft, welche der Kolben N beim Einpumpen von Wasser in den Presscylinder M nach aufsen überträgt, genau gemessen wird. Damit die Reibung hierbei sicher thätig war, sollten zwischen dem Boden des Cylinders M und dem Querbalken der Prüfungsmaschine, gegen den sich der erstere zu legen hatte, Bleiplatten und Holz (als zusammendrückbares Material) eingelegt werden. Das Gleiche war auf der anderen Seite zwischen Kopf O des Presskolbens und der Prüfungsmaschine beabsichtigt.

Nach Fertigstellung der Presse wurde auch thatsächlich in der bezeichneten Weise verfahren und dabei die im Nachstehenden wiedergegebene Skala erzielt. Selbstverständlich ist dieselbe nicht blos durch einmalige Messung gewonnen, bezw. geprüft worden. Dabei waren sehr lehrreiche Beobachtungen über den Einfluss des Schmiermateriales usw. auf die

---

[1]) S. des Verfassers Arbeit: »Die Konstruktion der Feuerspritzen«, 1883 S. 60 und S. 130.

Gröfse der Reibung, sowie über andere Dinge zu machen. Hierüber soll gelegentlich besonders berichtet werden.

Verwendet wurden zwei Federmanometer, von denen das erste bis 50 kg, das zweite bis 400 kg reicht. Für Ermittlung der Kraftskala über 120 kg hinaus lag keine Veranlassung vor.

In der ersten Spalte findet sich die Anzeige des Manometers, in der zweiten die zugehörige Kraft P_w, angezeigt durch die Werder'sche Wage der horizontalen Prüfungsmaschine. Diese Art der Kraftbestimmung aus der Angabe des Manometers macht zugleich unabhängig von der Ungenauigkeit, welche den Skalen dieser Instrumente anzuhaften pflegt. Ob die Flüssigkeitspressung beispielsweise bei Stellung des Manometerzeigers auf 20 thatsächlich 20 kg ist, oder nur 19 beträgt, erscheint gleichgiltig; mafsgebend ist nur die Kraft, welche die Werder'sche Wage anzeigt, wenn der Zeiger auf 20 steht.

Manometer, bis 50 Atm. reichend.

Manometeranzeige p	Werder'sche Wage P_w
2 Atm.	200 kg
3 »	325 »
4 »	475 »
5 »	645 »
6 »	795 »
7 »	945 »
8 »	1 095 »
9 »	1 250 »
10 »	1 415 »
15 »	2 300 »
20 »	3 000 »
25 »	3 730 »
30 »	4 500 »
35 »	5 250 »
40 »	6 150 »
45 »	6 950 »
50 »	7 800 »

Manometer, bis 400 Atm. reichend.

Manometeranzeige p	Werder'sche Wage P_w
20 Atm.	3125 kg
30 »	4630 »
40 »	6400 »
50 »	7800 »
60 »	9300 »
70 »	10600 »
80 »	12150 »
90 »	13600 »
100 »	15100 »
110 »	16150 »
120 »	17700 »

II. Vorhandene Gleichungen zur Berechnung der Durchbiegung und der Anstrengung der Platten.

Mit den im ersten Abschnitte unter II. benützten Bezeichnungen, ergänzt durch

P die Kraft, mit welcher die Platte in der Mitte belastet ist,

gilt nach Grashof (»Theorie der Elasticität und Festigkeit«, 1878 S. 339) für

die kreisförmige Scheibe,

am Umfange gestützt,

$$k_b \geqq \frac{3}{2\pi} \frac{m^2-1}{m^2} \left(\ln \frac{r}{r_0} + \frac{m}{m+1}\right) \frac{P}{h^2}, \quad . \quad . \quad (16)$$

worin r_0 den Halbmesser derjenigen Kreisfläche oder derjenigen Kreislinie bedeutet, über welche Grashof die Kraft P gleichmäfsig vertheilt annimmt.

Mit $m = {}^{10}/_3$

geht die Beziehung 16 über in

$$k_b \geqq \left(0{,}434 \ln \frac{r}{r_0} + 0{,}334\right) \frac{P}{h^2} = \left(1{,}356\, ln \frac{r}{r_0} + 1{,}05\right) \frac{P}{\pi h^2}. \quad (17)$$

Für die Durchbiegung in der Mitte wird an der bezeichneten Stelle abgeleitet

$$y' = \frac{3}{4\pi}\,\alpha\,\frac{(m-1)(3m+1)}{m^2}\,\frac{r^2}{h^3}\cdot P, \quad . \; . \; . \; (18)$$

woraus mit

$$m = {}^{10}/_{3}$$

folgt

$$y' = 0{,}55\,\alpha\,\frac{r^2}{h^3}\,P \quad . \; . \; . \; . \; . \; (19)$$

In Verfolgung des gleichen Weges, welcher im ersten Abschnitt unter II. bezeichnet ist und zu den daselbst enthaltenen Beziehungen 6 bis 15 führte, gelangen wir zu nachstehenden Ergebnissen.

Kreisförmige Scheibe.

Die im Kreisumfange πd gestützte und in der Mitte durch P belastete Scheibe denken wir uns nach einem Durchmesser eingespannt und fassen die Hälfte auf als Stab, dessen Querschnitt an der Einspannungsstelle die Breite d und die Höhe h besitzt. Die Belastung dieses Stabes besteht alsdann in dem auf der Umfangslinie $^1/_2\,\pi d$ sich gleichmäfsig vertheilenden Widerlagsdruck $^1/_2\,P$ und liefert, da der Schwerpunkt der Halbkreislinie $^1/_2\,\pi d$ um $\frac{d}{\pi}$ vom Einspannungsquerschnitt absteht, das biegende Moment

$$^1/_2\,P\,\frac{d}{\pi}$$ [1])

[1]) Wird die Kraft P als gleichmäfsig vertheilt über eine Kreisfläche $\frac{\pi}{4}\,d_0^2$ angenommen (entsprechend der Uebertragung durch einen d_0 starken Stempel, welcher jedes Flächenelement der Berührungsfläche $\frac{\pi}{4}\,d_0^2$ gleich stark drückt), so ist von der Gröfse $^1/_2\,P\,\frac{d}{\pi}$

Mit Einführung des im ersten Abschnitt unter II. erörterten Berichtigungskoëffizienten φ ergiebt sich

$$^1/_2\, P \frac{d}{\pi} \leqq k_b\, ^1/_6\, (\varphi\, d)\, h^2$$

$$k_b \geqq \frac{3}{\pi} \frac{1}{\varphi} \frac{P}{h^2}, \quad \ldots \ldots \quad (20)$$

---

noch das Moment der auf die Halbkreisfläche $\frac{\pi}{8} d_0^2$ wirkenden und im Schwerpunkte derselben anzunehmenden Kraft $\frac{P}{2}$, d. h.

$$^1/_2\, P \frac{2\, d_0}{3\, \pi} = P \frac{d_0}{3\, \pi}$$

abzuziehen, womit sich ergiebt:

$$M_b = {}^1/_2\, P \frac{d}{\pi} - \mathrm{P} \frac{d_0}{3\, \pi} = {}^1/_2 \frac{P d}{\pi} \left(1 - {}^2/_3 \frac{d_0}{d}\right),$$

folglich

$$^1/_2 \frac{P d}{\pi} \left(1 - {}^2/_3 \frac{d_0}{d}\right) \leqq k_b\, ^1/_6\, (\varphi\, d)\, h^2$$

$$k_b \geqq \frac{3}{\pi} \frac{1}{\varphi} \left(1 - {}^2/_3 \frac{d_0}{d}\right) \frac{P}{h^2}.$$

Mit $d_0 = 0$ geht diese Beziehung über in die oben mit (20) bezeichnete. In Wirklichkeit muss d_0 gröſser als Null sein, wie sich ohne Weiteres aus der Erwägung ergiebt, dass zur Uebertragung von Kräften Flächen erforderlich sind. Immerhin erscheint aber bei den Versuchen mit Gusseisenscheiben, über welche später berichtet werden wird, d_0 verhältnissmäſsig klein (im Vergleich zu $d = 56$ cm), sodass der Quotient $\frac{2\, d_0}{3\, d}$ gegenüber 1 nicht als erheblich auftritt; jedenfalls mit derjenigen Genauigkeit, welche überhaupt der in Frage stehenden Entwicklung zukommt, durch den Berichtigungskoëffizienten φ — wenn auch in beschränktem Maſse — als berücksichtigt betrachtet werden kann.

Um ein Urtheil über die absolute Gröſse von d_0 zu erlangen, wurde die untere Scheibenfläche, gegen welche sich der belastende Kopf des Presskolbens legt, mit Kreide bestrichen. Die gedrückte Fläche ergab immer einen Wert $d_0 < 3$ cm,
sodass also

$$^2/_3 \frac{d_0}{d} < {}^2/_3 \cdot {}^3/_{56} = {}^1/_{28} = 0{,}036.$$

oder
$$h \geqq \sqrt{\frac{3}{\pi} \frac{1}{\varphi} \frac{P}{k_b}}, \quad . \quad . \quad . \quad . \quad . \quad (21)$$

d. i. unabhängig vom Durchmesser der Scheibe.

Elliptische Platte.

Da der Verlauf der Bruchlinie in Richtung der grofsen Achse zu erwarten steht (vergl. »Elasticität und Festigkeit«, § 60, Ziff. 2)[1]), so ist die elliptische Platte so einzuspannen, dass die grofse Achse a die Breite des Befestigungsquerschnittes bildet.

Die Bestimmung des Momentes, welches die von der stützenden Halbellipse auf die Plattenhälfte ausgeübten Kräfte in Bezug auf den bezeichneten Querschnitt liefern, begegnet

---

[1]) Am bezeichneten Orte ist die Erwägung über den in der Mitte der Platte zu erwartenden Verlauf der Bruchlinie durchgeführt unter Voraussetzung gleichmäfsig vertheilter Belastung. Handelt es sich um eine die Plattenmitte belastende Einzelkraft, wie hier, so gestaltet sich die anzustellende Betrachtung ganz entsprechend.

Aus der elliptischen Platte denken wir uns in Richtung der grofsen Achse a und sodann auch in Richtung der kleinen Achse b je einen (im Vergleich zu a und b) sehr schmalen Streifen von der Breite 1, der Länge a bezw. b, herausgeschnitten und zu einem rechtwinkligen Streifenkreuz vereinigt. Die in der Mitte desselben wirkende Last P verteilt sich auf die vier Widerlager an den Enden der Streifen derart, dass diese in der Mitte sich um gleichviel durchbiegen. Bezeichnet

P_a die Widerlagskraft je an den beiden Enden des Streifens von der Länge a,

P_b die Widerlagskraft je an den beiden Enden des Streifens von der Länge b,

derart, dass
$$2 P_a + 2 P_b = P,$$

so entfällt von der Belastung P auf die Mitte des Streifens von der Länge a die Kraft $2 P_a$, und auf diejenige des Streifens von der Länge b die Kraft $2 P_b$.

Die Durchbiegung der Mitte eines an den Enden im Abstande l

hier insofern Schwierigkeiten, als diese Widerlagskräfte vom Scheitel der kleinen Achse nach den Scheiteln der grofsen

---

frei aufliegenden und in der Mitte durch die Kraft S belasteten Stabes, dessen in betracht kommendes Trägheitsmoment Θ ist, beträgt allgemein

$$y' = \frac{\alpha}{48} \frac{S l^3}{\Theta};$$

demnach die Durchbiegung y_a' des Streifens von der Länge a

$$y_a' = \frac{\alpha}{48} \frac{2 P_a a^3}{{}^1/_{12} \cdot h^3},$$

und diejenige des Streifens von der Länge b

$$y_b' = \frac{\alpha}{48} \frac{2 P_b b^3}{{}^1/_{12} \cdot h^3}.$$

Wegen

$$y_a' = y_b'$$

wird

$$P_a a^3 = P_b b^3,$$

d. h.

$$P_a : P_b = b^3 : a^3.$$

Die gröfste Biegungsanstrengung σ_a in der Mitte des a langen Streifens ergiebt sich bei Vernachlässigung des Zusammenhanges mit dem anderen Streifen aus

$$P_a \cdot \frac{a}{2} = {}^1/_6\, \sigma_a \cdot h^2$$

zu

$$\sigma_a = {}^3/_2\, P_a \frac{a}{h^2},$$

und in gleicher Weise diejenige des b langen Streifens zu

$$\sigma_b = {}^3/_2\, P_b \frac{b}{h^2}.$$

Folglich

$$\frac{\sigma_b}{\sigma_a} = \frac{P_b b}{P_a a} = \left(\frac{a}{b}\right)^2.$$

Hiernach erfahren die am meisten gespannten Fasern in Richtung der kleinen Achse eine im quadratischen Verhältnisse der Achslängen stärkere Beanspruchung, als diejenigen in Richtung der grofsen Achse; die Bruchlinie muss demnach in der Mitte senkrecht zur kleinen Achse verlaufen.

Achse hin abnehmen, also veränderlich sind[1]). Nach § 60 Ziff. 2 der mehrfach genannten Arbeit »Elasticität und Festig keit« (S. 358) findet sich für dieses Moment

$$\frac{ab}{2} p_b (1 - {}^2/_3 n^2 + {}^1/_5 n^4).$$

Hierin bedeutet

$$n^2 = 1 - \left(\frac{b}{a}\right)^2$$

und p_b die auf die Längeneinheit der Widerlagslinie bezogene Widerlagskraft im Scheitel der kleinen Achse, nach S. 359 a. a. O. bestimmt durch die Gleichung

$$\frac{P}{2} = \int p\, ds = 2 \frac{a}{2} p_b \int_0^{\frac{\pi}{2}} (1 - n^2 \sin^2 \varphi)^2 d\varphi$$

$$= \frac{\pi}{2} a p_b (1 - n^2 + {}^3/_8 n^4),$$

woraus

$$p_b = \frac{P}{\pi a (1 - n^2 + {}^3/_8 n^4)}.$$

---

[1]) Diese Veränderlichkeit, welche beispielsweise bei dem Achsenverhältniss $a : b = 3 : 2$ nach Mafsgabe des Erörterten durch die Zahlen

$$3^3 : 2^3 = 27 : 8$$

gemessen wird derart, dass die Pressung, mit welcher die elliptische Platte im Scheitel der kleinen Achse gegen das Widerlager drückt, 27 : 8 mal = 3,375 mal gröfser ist als diejenige im Scheitel der grofsen Achse, bedingt beispielsweise eine ungleichmäfsige Belastung gleichweit von einander abstehender Schrauben, durch welche etwa die Platte als Verschlussdeckel befestigt ist. Dieser Umstand, welcher meines Wissens bisher noch nirgends bemerkt und klargestellt worden ist, verdient bei dem Grade der Veränderlichkeit namentlich bei Platten, für welche a erheblich von b abweicht, entschiedene Beachtung, sofern man sich über die thatsächliche Beanspruchung solcher Schrauben nicht in starkem Irrthume befinden will.

Diese Bemerkung gilt nicht blos für elliptische, sondern auch

Die Einführung dieses Werthes in den Ausdruck für das biegende Moment liefert

$$\frac{b}{2\pi} P \frac{1 - {}^2/_3 n^2 + {}^1/_5 n^4}{1 - n^2 + {}^3/_8 n^4} \leqq k_b \, {}^1/_6 (\varphi a) h^2,$$

wobei auch hier wieder die Gröfse φ ganz allgemein den Charakter eines durch Versuche festzustellenden Berichtigungskoëffizienten besitzen soll.

$$k_b \geqq \frac{3}{\pi} \frac{1}{\varphi} \frac{1 - {}^2/_3 n^2 + {}^1/_5 n^4}{1 - n^2 + {}^3/_8 n^4} \frac{b}{a} \frac{P}{h^2}$$

$$= \frac{8}{5\pi} \frac{1}{\varphi} \frac{8 + 4\left(\frac{b}{a}\right)^2 + 3\left(\frac{b}{a}\right)^4}{3 + 2\left(\frac{b}{a}\right)^2 + 3\left(\frac{b}{a}\right)^4} \cdot \frac{b}{a} \frac{P}{h^2} \quad . \quad . \quad (22)$$

Mit $b = a$ ergiebt sich

$$k_b \geqq \frac{8}{5\pi} \cdot \frac{1}{\varphi} \, {}^{15}/_8 \, \frac{P}{h^2} = \frac{3}{\pi} \frac{1}{\varphi} \frac{P}{h^2}$$

d. i. Gl. 20, wie erforderlich.

Rechteckige Platten.

Nach Mafsgabe der in § 60 der »Elasticität und Festigkeit« unter Ziff. 4 durchgeführten Betrachtungen wird das biegende Moment für die nach einer Diagonale eingespannte Platte in Betracht gezogen, d. h.

$$\frac{P}{2} \cdot \frac{b}{2} \frac{a}{\sqrt{a^2 + b^2}} \leqq k_b \, {}^1/_6 \varphi \sqrt{a^2 + b^2} \, h^2,$$

woraus

$$k_b > {}^3/_2 \frac{1}{\varphi} \frac{1}{\frac{a}{b} + \frac{b}{a}} \frac{P}{h^2}, \quad . \quad . \quad . \quad . \quad (23)$$

---

für rechteckige Platten, bei denen überdies noch das Bestreben der Ecken, sich von dem Widerlager zu lösen, in Betracht kommt.

und für das Quadrat mit $b = a$

$$k_b \geqq {}^3/_4 \frac{1}{\varphi} \frac{P}{h^2} \quad \ldots \ldots \quad (24)$$

III. Die Versuchsergebnisse.

Die Muttern der Schrauben, welche Ober- und Untertheil des Prüfungsapparates, Fig. 12, verbinden, wurden jeweils mit der Hand nur so weit gedreht, dass durch dieselben ein Anpressen des Versuchskörpers gegen den stützenden Umfang nicht stattfand.

Die Kraft, mit welcher die zu prüfende Platte gegen den letzteren sich legte, ergiebt sich aus der unter I. besprochenen Kolbenkraft P_w, vermindert um das Eigengewicht des Kolbens N nebst Kopf O (rund 24 kg) und um dasjenige des Versuchskörpers. Im Nachstehenden wird deshalb als — die Mitte der Platte — belastende Kraft P immer dieser Unterschied zwischen P_w und den bezeichneten Eigengewichten angeführt werden.

Sämmtliche Versuchskörper waren bearbeitet.

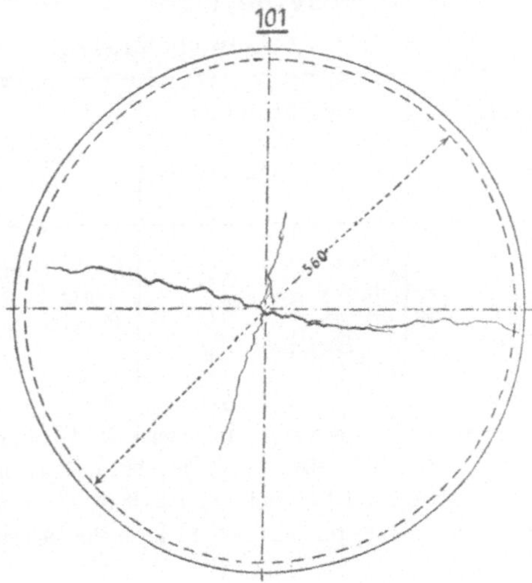

1. Kreisförmige Scheiben.

Material: Gusseisen III.

Scheiben von rund 1,2 cm Stärke.

Scheibe 101.

$h = 1{,}16$ cm; Gewicht 21,74 kg.

Manometer-anzeige p	Belastung P kg	Durchbiegung y' cm	Unterschied cm	Bemerkungen
2	200 — 46	0,096		Verlauf der Bruchlinie, immer auf der Seite der gezogenen Fasern, Fig. 101 [1]). Bruchflächen gesund.
			0,248	
6	795 — 46	0,344		
			0,315	
10	1415 — 46	0,659		
			0,466	
14	2120 — 46	1,125		
14,2	2160 — 46	Bruch erfolgt		

Gl. 20 liefert für die Biegungsfestigkeit K_b' der Scheibe

$$K_b' = \frac{3}{\pi}\frac{1}{\varphi}\frac{P}{h^2} = \frac{3}{\pi}\frac{1}{\varphi}\frac{2160-46}{1{,}16^2} = 1500\frac{1}{\varphi}.$$

Scheibe 102.

$h = 1{,}14$ cm; Gewicht 21,67 kg.

Manometer-anzeige p	Belastung P kg	Durchbiegung y' cm	Unterschied cm	Bemerkungen
2	200 — 46	0,037		Verlauf der Bruchlinie, Fig. 102. Bruchflächen gesund.
			0,241	
6	795 — 46	0,278		
			0,314	
10	1415 — 46	0,592		
13,85	2100 — 46	Bruch erfolgt		

---

[1]) Vergl. erste Fufsbemerkung zur Scheibe A. Die kurzen Bruchlinien, wie z. B. Fig. 102, 104, 109, 111, 112a, 114a usw., haben diejenige Erstreckung, welche sich unmittelbar nach dem Bruch ergab, soweit sie das Auge an der nicht mehr belasteten Platte feststellen konnte.

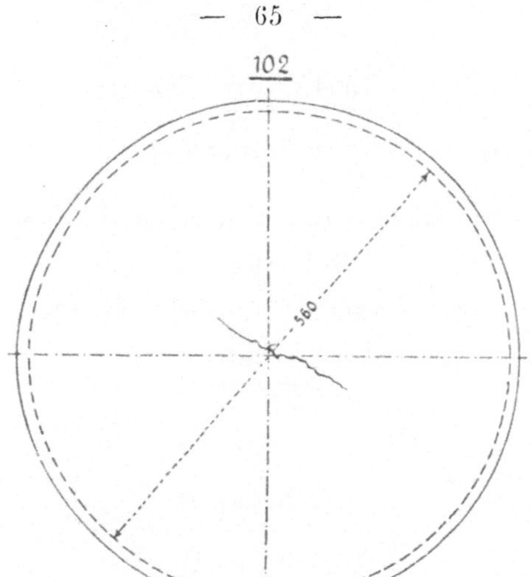

Nach Gl. 20

$$K_b' = \frac{3}{\pi}\frac{1}{\varphi}\frac{2100-46}{1{,}14^2} = 1509\frac{1}{\varphi}.$$

Aus den beiden Bruchstücken, welche der Versuch ergab, wurden zwei Flachstäbe herausgearbeitet und diese der Biegungsprobe unterworfen. Infolge eines Fehlers bei Durchführung des Versuches mit dem zweiten Stabe (Bruch durch Stofswirkung) brach dieser vorzeitig, lieferte also ein unverwendbares Ergebniss.

Entfernung der Auflager 50 cm.

Breite b cm	Höhe h cm	Bruchbelastung P_{max} kg	Bruchfestigkeit $12{,}5\ P_{max} : {}^1/_6\, b h^2$ kg	Bemerkungen
7,9	1,14	345	2520	Bruch in der Mitte, gesund.

Wird diese Festigkeit von 2520 kg in Vergleich gesetzt mit dem Durchschnitt der für Scheiben 101 und 102 erhaltenen Biegungsfestigkeiten, d. h. mit

$$K_b' = \frac{1500+1509}{2}\frac{1}{\varphi} = 1504{,}5\frac{1}{\varphi},$$

also

$$1504{,}5\ \frac{1}{\varphi} = 2520,$$

so findet sich

$$\varphi = 0{,}597 \infty 0{,}60.$$

Scheiben von rund 2,5 cm Stärke.

Scheibe 103.

$h = 2{,}49$ cm; Gewicht 46,14 kg.

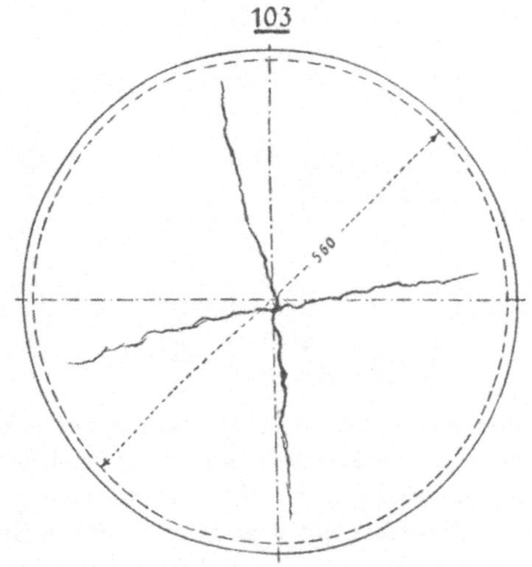

Manometeranzeige p	Belastung P kg	Durchbiegung y' cm	Durchbiegung Unterschied cm	Bemerkungen
5	645 — 70	0,025		Verlauf der Bruchlinie, Fig. 103. Bruchflächen gesund.
15	2300 — 70	0,092	0,067	
25	3730 — 70	0,180	0,088	
35	5250 — 70	0,289	0,109	
45	6950 — 70	0,429	0,140	
50	7800 — 70	0,523		
60	9300 — 70	Bruch erfolgt		

Nach Gl. 20

$$K_b' = \frac{3}{\pi}\ \frac{1}{\varphi}\ \frac{9300-70}{2{,}49^2} = 1422\ \frac{1}{\varphi}.$$

Scheibe 104.

$h = 2{,}46$ cm; Gewicht 45,75 kg.

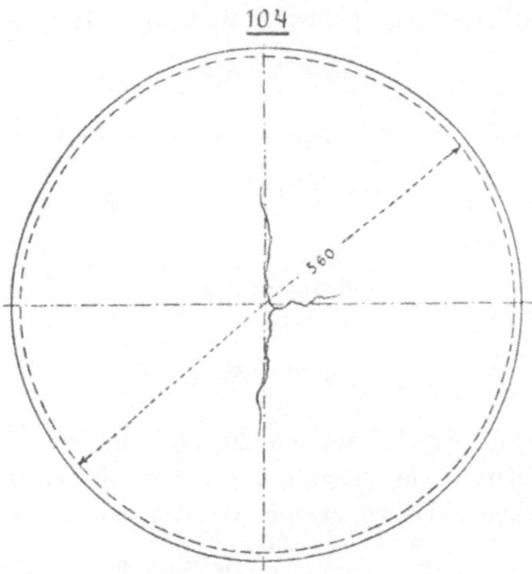

Manometeranzeige p	Belastung P kg	Durchbiegung y' cm	Unterschied cm	Bemerkungen
5	645 — 70	0,046		Verlauf der Bruchlinie, Fig. 104. Bruchflächen gesund.
			0,071	
15	2300 — 70	0,117		
			0,088	
25	3730 — 70	0,205		
			0,111	
35	5250 — 70	0,316		
			0,135	
45	6950 — 70	0,451		
50	7800 — 70	0,534		
60	9300 — 70	Bruch erfolgt		

Nach Gl. 20

$$K_b' = \frac{3}{\pi}\,\frac{1}{\varphi}\,\frac{9300-70}{2{,}46^2} = 1456\,\frac{1}{\varphi}.$$

Da die Bruchstücke mit den starken Scheiben 103 und 104, welche schliefslich noch von Hand mit dem Vorschlaghammer zerschlagen worden waren, nicht die erforderliche

Länge besafsen, um Flachstäbe für die Biegungsprobe daraus herstellen zu können, so wurden solche aus der Scheibe 107 gefertigt. Wie für diese später angegeben ist, beträgt die durchschnittliche Biegungsfestigkeit dieser Flachstäbe

$$K_b = 2200 \text{ kg}.$$

Infolge dessen führt der Vergleich mit dem Durchschnittswerth

$$K_b' = \frac{1422 + 1456}{2} \frac{1}{\varphi} = 1439 \frac{1}{\varphi}$$

aus

$$2200 = 1439 \frac{1}{\varphi}$$

zu

$$\varphi = 0{,}65.$$

Werden die Ergebnisse, welche die Prüfung der schwachen Scheiben lieferten, in Vergleich gestellt mit denjenigen, die für die starken Scheiben erzielt wurden, so ergiebt sich

	$h = 1{,}2$ cm	$h = 2{,}5$ cm
K_b' (Scheiben Gl. 20) . .	$1504{,}5 \frac{1}{\varphi}$	$1439 \frac{1}{\varphi}$
K_b (Flachstäbe)	2520	2200
φ (aus $K_b = K_b'$) . . .	0,60	0,65

Zunächst erhellt, dass die schwächeren Scheiben, wie auch die schwächeren Flachstäbe, etwas höhere Festigkeit zeigen als die stärkeren. Es steht das ganz in Uebereinstimmung mit dem Gefüge, welches die Bruchflächen besafsen: bei den Ersteren war dasselbe entschieden dichter als bei den Letzteren, welche ein sehr grobes, lockeres Korn aufwiesen.

Der Koëffizient φ ist etwas gröfser $\left(100 \frac{0{,}65 - 0{,}60}{0{,}60} = 8 \text{ pCt.}\right)$ für die stärkeren Scheiben, d. h. die Biegungsfestigkeit der untersuchten Scheiben wächst ein weniger stärker als mit der zweiten Potenz von h. Der Unterschied ist übrigens nicht erheblich, sodass er auch Zufälligkeiten in der Materialbeschaffenheit zugeschrieben werden kann. Jedenfalls weisen die Versuche mit den Scheiben 101 bis 104 nach, dass die Widerstandsfähigkeit der letzteren nicht mit einer geringeren Potenz von h als der zweiten wächst.

Für die Scheiben A bis F, sowie für die elliptischen Platten J bis O fand sich im ersten Abschnitt unter III. das Entgegengesetzte.

Scheibe 105.

$h = 1{,}18$ cm; Gewicht 22,27 kg.

Manometer-anzeige p	Belastung P kg	Durchbiegung y' cm	Durchbiegung Unterschied cm	Bemerkungen
2	200 — 46	0,030		
			0,224	
6	795 — 46	0,254		
			0,300	
10	1415 — 46	0,554		
0				
2	200 — 46	0,136		
			0,210	
6	795 — 46	0,346		
			0,210	
10	1415 — 46	0,556		
0				
2	200 — 46	0,141		
			0,209	
6	795 — 46	0,350		
			0,216	
10	1415 — 46	0,566		
0				
2	200 — 46	0,146		
			0,208	
6	795 — 46	0,354		
			0,216	
10	1415 — 46	0,570		

Belastung wurde nicht bis zum Bruche gesteigert.

Die Wiederholung der Belastung hatte den Zweck, schliefslich die federnde Durchbiegung zu erhalten und damit den Einfluss der örtlichen Zusammendrückung im gestützten Umfange der Scheibe auf y' zu beseitigen.

Nach Gl. 19 folgt für den Dehnungskoëffizienten α (der Federung) zwischen $p = 2$ und 6 mit $y' = 0{,}208$,

$$\frac{1}{\alpha} = 0{,}55 \frac{Pr^2}{h^3 y'} = 0{,}55 \frac{(795 - 200)\, 28^2}{1{,}18^3 \cdot 0{,}208} = 750700.$$

Würde für y' der anfängliche, die bezeichnete örtliche Zusammendrückung einschliefsende Werth 0,224 in Rechnung gestellt worden sein, so hätte sich gefunden

$$\frac{1}{\alpha} = 0{,}55 \frac{(795 - 200)\,28^2}{1{,}18^3 \cdot 0{,}224} = 697\,000.$$

Die Gl. 20 würde mit $\varphi = 0{,}60$ für die Belastungen $P = 200 - 46 = 154$ kg und $P = 795 - 46 = 749$ die Beanspruchungen

$$\sigma_b = \frac{3}{\pi} \frac{1}{0{,}60} \frac{154}{1{,}18^2} = 176 \text{ kg},$$

bezw.

$$\sigma_b = \frac{3}{\pi} \frac{1}{0{,}60} \frac{749}{1{,}18^2} = 856 \text{ kg},$$

liefern.

Scheibe 106.

$h = 2{,}48$ cm; Gewicht 45,9 kg.

Manometer-anzeige p	Belastung P kg	Durchbiegung y' cm	Durchbiegung Unterschied cm	Bemerkungen
5		0,015		
10	1415 — 70	0,046		
25	3730 — 70	0,161	0,115	
40	6150 — 70	0,329	0,168	
0				
10	1415 — 70	0,119		
25	3730 — 70	0,217	0,098	
40	6150 — 70	0,334	0,117	
0				
10	1415 — 70	0,125		
25	3730 — 70	0,222	0,097	
40	6150 — 70	0,334	0,112	
0				
10	1415 — 70	0,128		
25	3730 — 70	0,225	0,097	
40	6150 — 70	0,336	0,111	

Belastung wurde nicht bis zum Bruche gesteigert.

Gl. 19 liefert für den Dehnungskoëffizienten α (der Federung) zwischen $p = 10$ und 25 mit $y' = 0{,}097$ cm

$$\frac{1}{\alpha} = 0{,}55 \frac{(3730 - 1415)\,28^2}{2{,}48^3 \cdot 0{,}097} = 674\,800.$$

Mit der Genauigkeit, mit welcher die den Belastungen $p = 10$ und 25, bezw. $P = 1415 - 70 = 1345$ kg und $P = 3730 - 70 = 3660$ kg entsprechenden Spannungen aus Gl. 20 bei $\varphi = 0{,}65$ ermittelt werden können, finden sich diese zu

$$\sigma_b = \frac{3}{\pi} \frac{1}{0{,}65} \frac{1345}{2{,}48^2} = 321 \text{ kg}$$

und

$$\sigma_b = \frac{3}{\pi} \frac{1}{0{,}65} \frac{3660}{2{,}48^2} = 874 \text{ kg.}$$

Scheibe 107.

Aus dieser Scheibe, welche 2,49 bis 2,50 cm stark war, wurden 4 Flachstäbe herausgearbeitet und diese der Biegungsprobe unterworfen.

Entfernung der Auflager 50 cm. Belastung durch P in der Mitte.

(Hinsichtlich der beobachteten Strecken sei auf des Verfassers Arbeit: »Die Biegungslehre und das Gusseisen«, Zeitschrift des Vereines deutscher Ingenieure 1888, S. 221 verwiesen.)

Stab 1.

Breite 5,00 cm; Höhe 2,50 cm.

Belastung P kg	Ablesung für die Endpunkte a	b	$a + b$	$\frac{a+b}{2}$	$\Delta \frac{a+b}{2}$ cm	Ablesung für die Mitte c	Δc cm	Durchbiegung $\Delta c - \Delta \frac{a+b}{2}$ cm
100	1,7300	1,3050	3,0350	1,5175		0,9540		
400	1,7199	1,2984	3,0183	1,5092	0,0083	1,1451	0,1911	0,1828
700	1,7095	1,2942	3,0037	1,5019	0,0073	1,4505	0,3054	0,2981
0								
100	1,9000	1,9148	3,8148	1,9074		1,0380		
400	1,8907	1,9090	3,7997	1,8999	0,075	1.2187	0,1807	0,1732
700	1,8838	1,9060	3,7898	1,8949	0,0050	1,4230	0,2013	0,1993
0								
100	1,8982	1,9148	3,8130	1,9065		1,0430		
400	1,8898	1,9090	3,7988	1,8994	0,0071	1,2233	0,1803	0,1732
700	1,8837	1,9061	3,7898	1,8949	0,0045	1,4230	0,1997	0,1952

Bruch erfolgt bei $P_{max} = 960$ kg, woraus sich die Biegungsfestigkeit zu

$$K_b = \frac{12{,}5 \cdot 960}{{}^1/_6 \cdot 5 \cdot 2{,}5^2} = 2304 \text{ kg}$$

berechnet. Bruchfläche gesund.

Für den Dehnungskoëffizienten α (der Federung) ergiebt die Gleichung

$$\frac{1}{\alpha} = {}^1/_{48} \frac{Pl^3}{\Theta y'} = {}^1/_4 \frac{Pl^3}{b h^3 y'}$$

mit

$$P = 400 - 100 = 300 \text{ und } y' = 0{,}1732 \text{ cm}$$

$$\frac{1}{\alpha} = {}^1/_4 \frac{300 \cdot 50^3}{5 \cdot 2{,}5^3 \cdot 0{,}1732} = 692800.$$

Hierbei entspricht die Belastung den Spannungsgrenzen

$$\sigma_b = \frac{12{,}5 \cdot 100}{{}^1/_6 \cdot 5 \cdot 2{,}5^2} = 240 \text{ kg}$$

und

$$\sigma_b = \frac{12{,}5 \cdot 400}{{}^1/_6 \cdot 5 \cdot 2{,}5^2} = 960 \text{ kg}.$$

Stab 2.

Breite 5,00 cm; Höhe 2,49 cm.

Es findet sich bei demselben Wechsel der Belastungen, wie für Stab 1 angegeben:

Belastung P kg	Durchbiegung $\Delta c - \Delta \frac{a+b}{2}$ cm
100	
	0,1909
400	
	0,3365
700	
100	
	0,1879
400	
	0,2077
700	

Belastung	Durchbiegung
P	$\Delta c - \Delta \frac{a+b}{2}$
kg	cm
100	
400	0,1776
700	0,1994
100	
400	0,1774
700	0,1973
100	
400	0,1773
700	0,1970.

Bruch erfolgt bei $P_{max} = 815$ kg um 13 mm aufserhalb der Mitte, von einer durch undichten Guss gekennzeichneten Ecke ausgehend. Die grofse Nachgiebigkeit des Stabes an dieser Stelle gelangt auch in der anfänglich bemerkbaren gröfseren Durchbiegung zum Ausdruck.

Es bog sich durch

	bei der Belastung 100/400 kg	400/700 kg
Stab 1	0,1828 cm	0,2981 cm
» 2	0,1909 »	0,3365 »

Die Bruchbelastung von 815 kg zur Bestimmung der Biegungsfestigkeit benutzt, müsste diese aus dem erörterten Grunde zu klein ergeben.

Stab 3.

Breite 7,00 cm; Höhe 2,50 m.

Bruch erfolgt bei $P_{max} = 1200$ kg, nahe der Mitte. Bruchfläche gesund.

$$K_b = \frac{12{,}5 \cdot 1200}{{}^1/_6 \cdot 7 \cdot 2{,}5^2} = 2057 \text{ kg.}$$

Stab 4.

Breite 6,00 cm; Höhe 2,50 cm.

Bruch erfolgt bei $P_{max} = 1120$ kg, nahe der Mitte. Bruchfläche gesund.

$$K_b = \frac{12{,}5 \cdot 1120}{{}^1/_6 \cdot 6 \cdot 2{,}5^2} = 2240 \text{ kg}.$$

Demnach beträgt die durchschnittliche Biegungsfestigkeit der Flachstäbe, welche aus der 2,49 bis 2,50 cm starken Scheibe 107 herausgearbeitet wurden

$$K_b = \frac{2304 + 2057 + 2240}{3} = 2200 \text{ kg}.$$

Material: Flussstahl.

Scheibe Z_0.

Bereits den im ersten Abschnitt besprochenen Versuchen unterworfen (vergl. daselbst III).

$$h = 0{,}84 \text{ cm}.$$

Versuchsreihe 1.

Manometer-anzeige p	Belastung P kg	Durchbiegung y' cm	Unterschied cm
2	200 — 42	0,044	
			0,161
6	795 — 42	0,205	
			0,150
10	1415 — 42	0,355	
0			
2	200 — 42	0,056	
			0,150
6	795 — 42	0,206	
			0,149
10	1415 — 42	0,355	
0			
2	200 — 42	0,057	
			0,149
6	795 — 42	0,206	
			0,149
10	1415 — 42	0,355	
			0,168
15	2300 — 42	0,523	

Manometer-anzeige p	Belastung P kg	Durchbiegung y' cm	Unterschied cm
8			
10	1415 — 42	0,367	0,161
15	2300 — 42	0,528	
8			
10	1415 — 42	0,368	
15	2300 — 42	0,529	0,161
8			
10	1415 — 42	0,368	
15	2300 — 42	0,530	0,162

Hiernach beträgt die federnde Durchbiegung für die Zunahme der Belastung

von	von	von
$P = 200 - 42$	$P = 795 - 42$	$P = 1415 - 42$
auf	auf	auf
$P = 795 - 42$	$P = 1415 - 42$	$P = 2300 - 42$
0,149 cm	0,149 cm	0,162 cm

bei einer Gesammtdurchbiegung der Scheibe (mit $P = 0$ als Ausgangspunkt) im Betrage von

0,205 cm 0,355 cm 0,530 cm.

Gl. 19

$$\frac{1}{\alpha} = 0{,}55 \frac{Pr^2}{h^3 y'} = 0{,}55 \frac{P 28^2}{0{,}84^3 y'} = 727 \frac{P}{y'}$$

ergiebt

mit	$P =$	595	620	885
und	$y' =$	0,149	0,149	0,162
die Werthe	$\frac{1}{\alpha} =$	2900000	3025000	3972000.

Versuchsreihe 2.

(5 Tage später durchgeführt.)

Manometer-anzeige p	Belastung P kg	Durchbiegung y' cm	Durchbiegung Unterschied cm
2	200 — 42	0,054	
6	795 — 42	0,204	0,150
10	1415 — 42	0,353	0,149
15	2300 — 42	0,518	0,165
20	3000 — 42	0,660	0,142
25	3730 — 42	0,795	0,135
0			
6	795 — 42	0,224	
10	1415 — 42	0,374	0,150
15	2300 — 42	0,538	0,164
20	3000 — 42	0,678	0,140
25	3730 — 42	0,798	0,120
30	4500 — 42	0,925	0,127
35	5250 — 42	1,054	0,129
20			
25	3730 — 42	0,845	
30	4500 — 42	0,961	0,116
35	5250 — 42	1,062	0,101
0			
6	795 — 42	0,287	
10	1415 — 42	0,437	0,150
15	2300 — 42	0,599	0,162
20	3000 — 42	0,734	0,135
25	3730 — 42	0,849	0,115
30	4500 — 42	0,961	0,112
35	5250 — 42	1,065	0,104

Wie hieraus ersichtlich, ist trotz der Steigerung der Belastung auf $P = 5250 - 42 = 5208$ kg eine in absoluter Beziehung erhebliche bleibende Durchbiegung noch nicht eingetreten; zu Anfang der Versuchsreihe, bei der Manometeranzeige $p = 6$ ergab das Instrument die Ablesung $y' = 0{,}204$, bei derselben Anzeige des Manometers gegen Ende des Versuches $y' = 0{,}287$, entsprechend einem Unterschiede

0,287 — 0,204 = 0,083 cm. Da hierin auch die örtliche Zusammendrückung in der Berührungsfläche zwischen Auflager und Scheibe enthalten ist, so beträgt die bleibende Durchbiegung jedenfalls weniger als 0,083 cm.

Für die Stufe $p = 25/35$ findet sich der Durchbiegungsunterschied beim

ersten	zweiten	dritten Versuch
1,054 — 0,798 = 0,256	1,062 — 0,845 = 0,217	1,065 — 0,849 = 0,216 cm.

Die federnde Durchbiegung darf hiernach zu 0,216 cm angenommen werden. Sie führt bei einer Gesammtdurchbiegung der Scheibe von rund 1,1 cm nach Gl. 19 zu

$$\frac{1}{\alpha} = 727 \frac{5250 - 3730}{0{,}216} = 5\,116\,000.$$

Wir erkennen, dass mit wachsender Durchbiegung der Scheibe, d. h. mit zunehmender Abweichung der Mittelfläche derselben von der Ebene, also mit wachsender Wölbung der Dehnungskoëffizient rasch abnimmt, und zwar von $\frac{1}{2\,900\,000}$ auf $\frac{1}{5\,116\,000}$ beim Uebergang des Werthes y' von rund 0,2 auf 1,1 cm.

Wir erkennen ferner, dass der aus Gl. 19 berechnete Dehnungskoëffizient selbst bei sehr geringer Durchbiegung sich weit höher ergiebt, als für das Material (Flussstahl) zu erwarten ist. Erwartet durfte werden etwa

$$\alpha = \frac{1}{2\,200\,000}.$$

Dieses Ergebniss entspricht ganz dem, was im ersten Abschnitte unter III. für die Flussstahlscheiben Y und Z gefunden wurde. Der gröfste Werth ergab sich dort zu $\frac{1}{3\,664\,000}$, der kleinste zu $\frac{1}{8\,147\,000}$.

Die Fortsetzung der Versuchsreihe 2 ergiebt

Manometer-anzeige p	Belastung P kg	Durchbiegung y' cm	Durchbiegung Unterschied cm
35	5250 — 42	1,065	
			0,114
40	6150 — 42	1,179	
			0,113
45	6950 — 42	1,292	
			0,108
50	7800 — 42	1,400	
0			
Manometer wird gewechselt.			
50	7800 — 42	1,460	
			0,146
60	9300 — 42	1,606	
			0,133
70	10600 — 42	1,739	
			0,134
80	12150 — 42	1,873	
			0,120
90	13600 — 42	1,993	
0			
Manometer wird gewechselt.			
6	795 — 42	0,646	
			0,125
10	1415 — 42	0,771	
			0,135
15	2300 — 42	0,906	
			0,112
20	3000 — 42	1,018	
			0,099
25	3730 — 42	1,117	
			0,095
30	4500 — 42	1,212	
			0,092
35	5250 — 42	1,304	
			0,087
40	6150 — 42	1,391	
			0,078
45	6950 — 42	1,469	
			0,074
50	7800 — 42	1,543	

Deutlich zeigen diese Zahlen die Abnahme der Durchbiegung und damit auch diejenige des Dehnungskoëffizienten mit zunehmender Wölbung der Scheibe.

Hinsichtlich der bleibenden Durchbiegung, welche infolge der Steigerung der Belastung auf $P = 13600 - 42 = 13558$ kg und der Gesammtdurchbiegung auf nahezu 2 cm eingetreten ist, giebt der Vergleich zwischen den Werthen von y' Anhalt, welche bei der Manometeranzeige 6 zu Anfang und zu Ende der Versuchsreihe 2 zu beobachten gewesen sind. Sie liefern den Unterschied

$$0{,}646 - 0{,}204 = 0{,}442 \text{ cm}.$$

Unter Berücksichtigung der örtlichen Zusammendrückung in der Auflagerfläche wird eine bleibende Durchbiegung von rund 0,4 cm anzunehmen sein.

Aus der Scheibe Z_0 wurde nun ein Flachstab herausgearbeitet und dieser in einer Breite von 0,84 cm und einer Höhe von 3,13 cm bei 50 cm Auflagerentfernung der Biegungsprobe unterworfen, ganz in der Weise, wie die aus der Gusseisenscheibe 107 gefertigten Stäbe.

Belastung P kg	Ablesung für die Endpunkte a	b	$a+b$	$\frac{a+b}{2}$	$\Delta\frac{a+b}{2}$ cm	Ablesung für die Mitte c	Δc cm	Durchbiegung $\Delta c-\Delta\frac{a+b}{2}$ cm
50	1,0458	1,0290	2,0748	1,0374		1,1675		
					0,0020		0,0305	0,0285
100	1,0462	1,0326	2,0788	1,0394		1,1980		
					0,0014		0,0300	0,0286
150	1,0472	1,0344	2,0816	1,0408		1,2280		
					0,0010		0,0298	0,0288
200	1,0476	1,0360	2,0836	1,0418		1,2578		
Durchschnitt für die Belastungsstufe von 50 kg								0,0286

Die zweimalige Wiederholung des Versuches ergab für diesen Durchschnitt 0,0285 und 0,0286 cm.

Der Belastung $P = 200$ kg entspricht die Spannung

$$\sigma = \frac{12{,}5 \cdot 200}{\frac{1}{6}\, 0{,}84 \cdot 3{,}13^2} = 1820 \text{ kg},$$

sodass die ermittelte Durchbiegung sich auf die Spannungsgrenzen

455 910 1365 1820 kg

bezieht.

Hieraus berechnet sich α

a) bei Vernachlässigung des Einflusses der Schubkraft

$$\frac{1}{\alpha} = {}^1/_{48}\,\frac{50 \cdot 50^3}{{}^1/_{12} \cdot 0{,}84 \cdot 3{,}13^3 \cdot 0{,}0286} = 2\,121\,000;$$

b) unter Berücksichtigung dieses Einflusses (»Elasticität und Festigkeit« S. 284, Gl. 196)

$$\frac{1}{\alpha} = \frac{\left\{0{,}25\left(\frac{50}{3{,}13}\right)^2 + 0{,}78\right\}50}{0{,}84 \cdot 3{,}13} \cdot \frac{50}{0{,}0286} = 2\,147\,000.$$

Dieser Werth entspricht demjenigen, welcher für das vorliegende Material zu erwarten stand.

Für die Scheibe fand sich auf grund der Gl. 19 als kleinster Werth (bei sehr geringer Durchbiegung)

$$\frac{1}{\alpha} = 2\,900\,000,$$

d. h.

$$100\,\frac{2\,900\,000 - 2\,121\,000}{2\,121\,000} = 37 \text{ pCt.}$$

mehr, als der unter a) ermittelte Werth für den aus der Scheibe hergestellten Flachstab, und um nahezu denselben Betrag gröfser, welcher dem Material nach b) überhaupt zukommt.

Wir müssen hieraus schliefsen, dass die Gl. 19 für Scheiben aus einem Material mit konstantem Dehnungskoëffizienten und bei Belastungen innerhalb der Proportionalitätsgrenze die Durchbiegungen um wenigstens ein Drittel zu grofs ergiebt, sofern für α der dem Material thatsächlich zukommende Werth eingeführt wird.

2. Elliptische Platten.

Material: Gusseisen IV.

Die Platten wurden aus gröfseren und stärkeren Scheiben herausgearbeitet, wobei gleichzeitig je ein Flachstab gewonnen wurde.

Platte 108.

$h = 1{,}21$ cm.

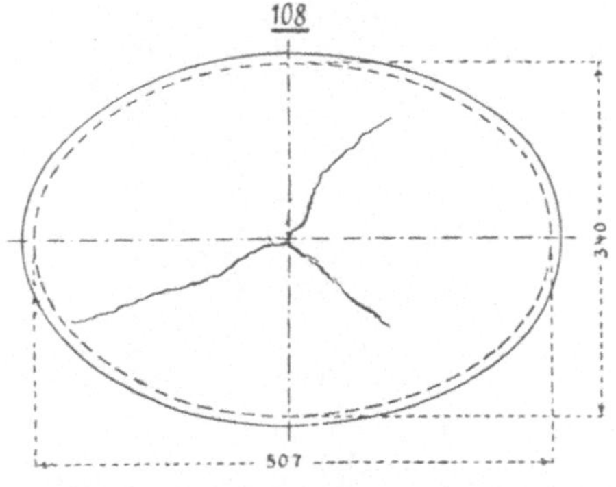

Manometer-anzeige p	Belastung P kg	Durchbiegung y' cm	Durchbiegung Unterschied cm	Bemerkungen
2	200 — 38	0,005		Verlauf der Bruchlinie, Fig. 108. Bruchfläche gesund.
5	645 — 38	0,053	0,048	
10	1415 — 38	0,210	0,157	
15	2300 — 38	0,427	0,217	
15,8	2410 — 38	Bruch erfolgt		

Der zugehörige Flachstab, für welchen

$$b = 5{,}02 \text{ cm und } h = 3{,}00 \text{ cm},$$

wurde bei 50 cm Auflagerentfernung der Biegungsprobe unterworfen. Bei $P_{max} = 1350$ kg erfolgte der Bruch, 3 mm aus der Mitte, Bruchfläche gesund.

Damit ergiebt sich die Biegungsfestigkeit des Stabes

$$K_b = \frac{1350 \cdot {}^{50}/_4}{{}^1/_6 \cdot 5{,}02 \cdot 3^2} = 2237 \text{ kg}.$$

Gl. 22 liefert für die Platte

$$K_b' = \frac{8}{5\pi}\,\frac{1}{\varphi}\,\frac{8 + 4\left(\frac{34}{50{,}7}\right)^2 + 3\left(\frac{34}{50{,}7}\right)^4}{3 + 2\left(\frac{34}{50{,}7}\right)^2 + 3\left(\frac{34}{50{,}7}\right)^4}\,\frac{34}{50{,}7}\cdot\frac{2372}{1{,}21^2},$$

woraus mit

$$K_b' = K_b,$$

$$\varphi = 0{,}572.$$

Platte 109.

$h = 1{,}85$ cm.

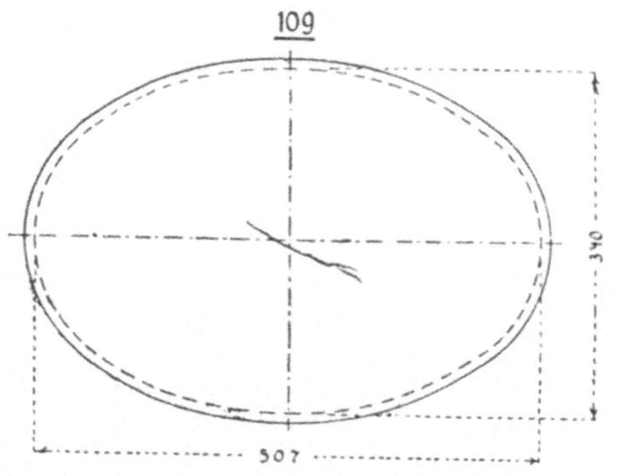

Manometer-anzeige p	Belastung P kg	Durchbiegung y' cm	Durchbiegung Unterschied cm	Bemerkungen
2	200 — 46	0,025		Verlauf der Bruchlinie, Fig. 109. Bruchfläche gesund.
			0,008	
5	645 — 46	0,033		
			0,032	
10	1415 — 46	0,065		
			0,040	
15	2300 — 46	0,105		
			0,043	
20	3000 — 46	0,148		
			0,047	
25	3730 — 46	0,195		
			0,056	
30	4500 — 46	0,251		
37,5	5710 — 46	Bruch erfolgt		

Der zugehörige Flachstab,

$$b = 5{,}05 \text{ cm}, \quad h = 1{,}84 \text{ cm},$$

brach bei $P_{max} = 605$ kg. Bruch nahe der Mitte, gesund.

$$K_b = \frac{605 \, {}^{50}/_4}{{}^1/_6 \cdot 5{,}05 \cdot 1{,}84^2} = 2215 \text{ kg}.$$

Gl. 22 ergiebt für die Platte

$$K_b' = \frac{8}{5\pi} \frac{1}{\varphi} \frac{8 + 4\left(\frac{34}{50{,}7}\right)^2 + 3\left(\frac{34}{50{,}7}\right)^4}{3 + 2\left(\frac{34}{50{,}7}\right)^2 + 3\left(\frac{34}{50{,}7}\right)^4} \frac{34}{50{,}7} \frac{5664}{1{,}85^2}$$

und führt mit

$$K_b' = K_b$$

zu

$$\varphi = 0{,}590.$$

Platte 110.

$$h = 1{,}73 \text{ cm}.$$

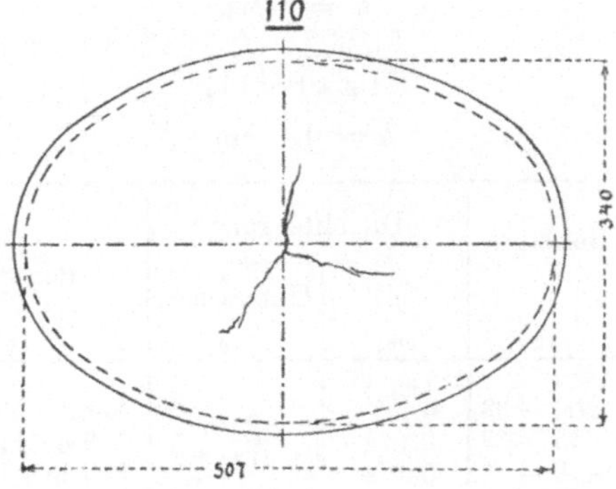

Manometer-anzeige p	Belastung P kg	Durchbiegung y' cm	Durchbiegung Unterschied cm	Bemerkungen
5	645 — 45	0,029		Verlauf der Bruchlinie, Fig. 110. Bruchflächen gesund.
10	1415 — 45	0,070	0,041	
15	2300 — 45	0,121	0,051	
20	3000 — 45	0,178	0,057	
25	3730 — 45	0,242	0,064	
30	4500 — 45	0,319	0,077	
33,6	5018 — 45	Bruch erfolgt		

Der zugehörige Flachstab,

$$b = 5{,}00 \text{ cm}, \quad h = 2{,}17 \text{ cm},$$

brach bei $P_{max} = 720$ kg. Bruch in der Mitte, gesund.

$$K_b = \frac{720\ {}^{50}/_4}{{}^1/_6 \cdot 5 \cdot 2{,}17^2} = 2293 \text{ kg.}$$

Nach Gl. 22 folgt für die Platte

$$K_b' = \frac{8}{5\pi}\,\frac{1}{\varphi}\,\frac{8 + 4\left(\frac{34}{50{,}7}\right)^2 + 3\left(\frac{34}{50{,}7}\right)^4}{3 + 2\left(\frac{34}{50{,}7}\right)^2 + 3\left(\frac{34}{50{,}7}\right)^4}\,\frac{34}{50{,}7}\cdot\frac{4973}{1{,}73^2},$$

woraus mit

$$K_b' = K_b$$

$$\varphi = 0{,}573.$$

Platte 111.

$$h = 1{,}16 \text{ cm}.$$

Manometeranzeige p	Belastung P kg	Durchbiegung y' cm	Durchbiegung Unterschied cm	Bemerkungen
2	200 — 38	0,115		Verlauf der Bruchlinie, Fig. 111. Bruchflächen.
5	645 — 38	0,172	0,057	
10	1415 — 38	0,328	0,156	
17	2580 — 38	Bruch erfolgt		

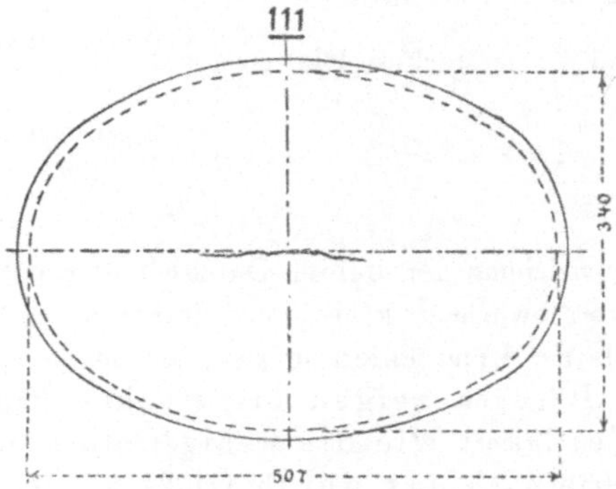

Der zugehörige Flachstab,

$$b = 4{,}92\ \text{cm},\ h = 2{,}12\ \text{cm},$$

brach bei $P_{max} = 715$ kg. Bruch nahe der Mitte, gesund.

$$K_b = \frac{715 \cdot {}^{50}/_4}{{}^1/_6 \cdot 4{,}92 \cdot 2{,}12^2} = 2425\ \text{kg}.$$

Gl. 22 führt, da nach ihr

$$K_b' = \frac{8}{5\pi}\,\frac{1}{\varphi}\,\frac{8 + 4\left(\frac{34}{50{,}7}\right)^2 + 3\left(\frac{34}{50{,}7}\right)^4}{3 + 2\left(\frac{34}{50{,}7}\right)^2 + 3\left(\frac{34}{50{,}7}\right)^4}\,\frac{34}{50{,}7}\,\frac{2542}{1{,}16^2},$$

mit

$$K_b' = K_b$$

zu

$$\varphi = 0{,}615.$$

Die Zusammenstellung der für die elliptischen Platten und die zugehörigen Flachstäbe gewonnenen Ergebnisse liefert zunächst die durchschnittliche Biegungsfestigkeit der Stäbe

$$K_b = \frac{2237 + 2215 + 2293 + 2425}{4} = 2292\ \text{kg}$$

und sodann im Durchschnitt

für die rund 1,2 cm starken Platten $\varphi = \frac{0{,}572 + 0{,}615}{2} = 0{,}593$,

» » » 1,8 » » » $\varphi = \frac{0{,}590 + 0{,}573}{2} = 0{,}581$.

Die Abweichung der beiden Durchschnittswerthe von einander ist verschwindend klein, und insbesondere auch noch geringer als der Unterschied je zwischen den beiden Einzelwerthen. Hiernach zeigen die starken Platten die gleiche Festigkeit wie die weniger starken und bestätigen hiernach das durch Gl. 22 ausgesprochene Gesetz, nach welchem die Widerstandsfähigkeit mit dem Quadrate der Stärke wächst.

Für die elliptischen Platten J, K, L, M, N und O wie auch für die kreisförmigen A, B, C, D, E und F ergab sich im ersten Abschnitte, dass die Widerstandsfähigkeit in erheblich geringerem Maſse mit der Stärke zunahm.

Dagegen steht das in diesem Abschnitte für die kreisförmigen Scheiben 101, 102, 103 und 104 Gefundene in Uebereinstimmung mit dem, was hinsichtlich der elliptischen Platten 108 bis 111 soeben festzustellen war.

3. Rechteckige Platten.

Material: Gusseisen V.

Die Rohgussplatten wurden 52/45 cm gewählt, sodass aus jeder derselben hergestellt werden konnten:

1 quadratische Platte . . . . $A = 37{,}5$ cm, $B = 37{,}5$ cm,
$a = 36$ » $b = 36$ »

1 rechteckige » . . . . $A = 37{,}5$ » $B = 13{,}5$ »
$a = 36$ » $b = 12$ »

1 Flachstab zur Biegungsprobe bei 50 cm Entfernung der Auflager.

Quadratische Platten.

Stärke rund 1,7 cm.

$a = b = 36{,}0$ cm.

Manometer-anzeige p	Belastung P kg	Platte 111a, $h = 1{,}69$ cm y' cm	Platte 111a, Unterschied cm	Platte 112a, $h = 1{,}67$ cm y' cm	Platte 112a, Unterschied cm
5	645 — 41	0,111	0,042	0,094	0,042
10	1415 — 41	0,153	0,049	0,136	0,051
15	2300 — 41	0,202	0,058	0,187	0,057
20	3000 — 41	0,260	0,066	0,244	0,065
25	3730 — 41	0,326	0,086	0,309	0,088
30	4500 — 41	0,412		0,397	

Bemerkungen.

Die belastete Platte berührt das Widerlager nicht im ganzen Umfange $4a$; es heben sich vielmehr mit eintretender Belastung die Ecken sichtbar von dem Widerlager ab, derart, dass in den vier Seiten je von der Länge a nur der mittlere Teil

Fig. 13.

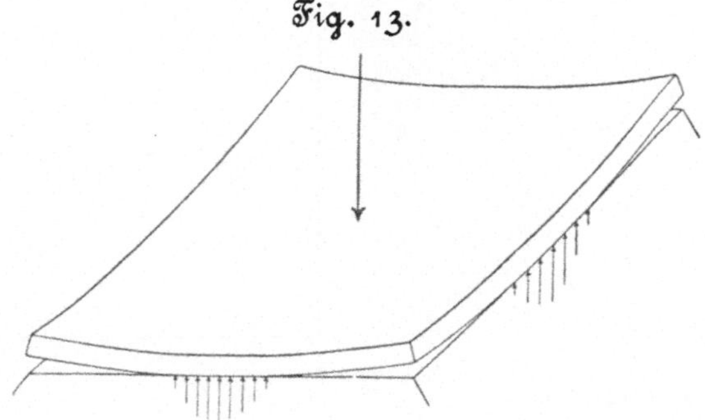

aufliegt. Die Gröſse dieser in der Mitte jeder Umfangsseite liegenden Berührungsstrecke, innerhalb welcher die Pressung von der Mitte nach auſsen hin bis auf Null abnimmt, hängt von der Belastung ab und wird schliefslich auch von der örtlichen Zusammendrückung beeinflusst, die das Material erfährt (vergl. Fig. 13).

Ganz die gleiche Erscheinung zeigt Platte 112a.

Bruch erfolgt

bei Platte 111a für $p=34{,}4$, entsprechend $P=5160-41=5119$ kg

» » 112a » $p=31{,}2$, » $P=4680-41=4639$ kg

Die Bruchlinien sind in den Fig. 111a und 112a dargestellt.

Die zugehörigen Flachstäbe ergaben Folgendes:

No.	Breite b cm	Höhe h cm	Bruch-belastung P_{max} kg	Biegungsfestigkeit $K_b = 12{,}5 P_{max} : {}^1/_6 bh^2$ kg	Bemerkungen
111	7,08	1,67	630	2393	Bruch in der Mitte, gesund.
112	7,10	1,68	625	2339	Bruch 1,5 cm aus der Mitte, fehlerhaft

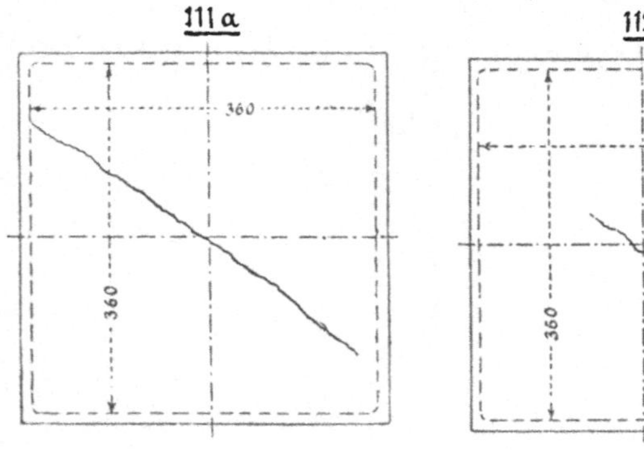

Gl. 24 liefert

für die Platte 111a $K_b' = {}^3/_4 \frac{1}{\varphi} \frac{5119}{1{,}69^2}$,

» » » 112a $K_b' = {}^3/_4 \frac{1}{\varphi} \frac{4639}{1{,}67^2}$, woraus mit

$$K_b' = K_b$$

für die Platte 111 a $\varphi = 0{,}562$

» » » 112 a $\varphi = 0{,}533$

Durchschnitt $\varphi = 0{,}547$.

Stärke rund 0,9 cm.

Manometer-anzeige p	Belastung P kg	Platte 111 a, $h = 0{,}88$ cm y' cm	Unter-schied cm	Platte 114 a, $h = 0{,}955$ cm y' cm	Unter-schied cm
2	$200 - {33 \atop 34}$	0,021		0,152	
			0,068		0,071
4	$475 - {33 \atop 34}$	0,089		0,223	
			0,118		0,097
6	$795 - {33 \atop 34}$	0,207		0,320	
			0,130		0,111
8	$1095 - {33 \atop 34}$	0,337		0,431	

Bemerkungen.

Die Ecken der Platten heben sich von dem Widerlager ab, ganz wie für die Platten 111 a und 112 a bemerkt worden ist.

Bruch erfolgt

bei Platte 113 a für $p = 10$, entsprechend $P = 1415 - 33 = 1382$ kg

» » 114 a » $p = 11{,}8$, » $P = 1734 - 34 = 1700$ kg

Verlauf der Bruchlinien Fig. 113 a und 114 a.

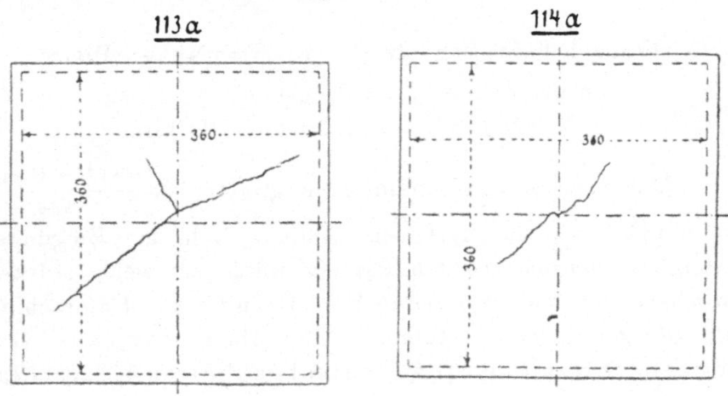

Die Flachstäbe lieferten nachstehende Ergebnisse.

No.	Breite b cm	Höhe h cm	Bruch-belastung P_{max} kg	Biegungsfestigkeit $K_b = 12{,}5 P_{max} : {}^1/_6 bh^2$ kg	Bemerkungen
113	7,055	0,875	165	2291	Bruch in der Mitte, fehlerhaft.
114	6,43	0,96	210	2658	Bruch 1 cm aus der Mitte, gesund.
115	7,04	0,90	200	2630	Bruch in der Mitte, gesund.
Durchschnitt mit Ausschluss von 113				2644	

Die Gl. 24, indem sie ergiebt

für die Platte 113a $K_b' = {}^3/_4 \frac{1}{\varphi} \frac{1382}{0{,}88^2}$,

» » » 114a $K_b' = {}^3/_4 \frac{1}{\varphi} \frac{1700}{0{,}955^2}$,

liefert mit

$$K_b' = K_b$$

für die Platte 113a . . . . $\varphi = 0{,}506$,
sofern $K_b = 2644$ zu Grunde gelegt wird,
für die Platte 114a . . . . $\varphi = 0{,}526$,
sofern $K_b = 2658$ zu Grunde gelegt wird,

Durchschnitt $\varphi = 0{,}516$.

Hiernach findet sich für die quadratischen Platten
von der Stärke $h = 0{,}9$ cm $h = 1{,}7$ cm
der Werth $\varphi =$ 0,516 0,547.

Der Koëffizient φ erscheint etwas gröfser $\left(100 \frac{0{,}547 - 0{,}516}{0{,}516} = 6 \text{ pCt.}\right)$ für die stärkeren Platten, d. h. die Biegungsfestigkeit der untersuchten Platten würde ein wenig stärker wachsen, als mit der zweiten Potenz von h. Der Unterschied ist übrigens nicht bedeutend. Jedenfalls darf aus den Versuchen mit den quadratischen Platten 111a, 112a,

113a und 114a geschlossen werden, dass die Widerstandsfähigkeit nicht mit einer geringeren Potenz von h als der zweiten zunimmt.

Rechteckige Platten.

$a = 36$ cm, $b = 12$ cm.

Stärke rund 1,7 cm.

Manometer-anzeige p	Belastung P kg	Platte 111b, $h = 1{,}68$ cm y' cm	Unterschied cm	Platte 112b, $h = 1{,}67$ cm y' cm	Unterschied cm
5	645 — 30	0,104	0,007	0,358	0,007
10	1415 — 30	0,111	0,015	0,365	0,015
20	3000 — 30	0,126	0,019	0,380	0,019
30	4500 — 30	0,145	0,026	0,399	0,026
40	6150 — 30	0,171		0,425	

Bemerkungen.

Die Ecken der Platten heben sich vom Widerlager ab (vergl. Platte 111a und 112a, insbesondere Fig. 13, S. 87).

Bruch hat statt

bei Platte 111b für $p = 51$, entsprechend $P = 7950 - 30 = 7920$ kg,

» » 112b » $p = 48{,}4$, » $P = 7530 - 30 = 7500$ ».

Verlauf der Bruchlinien Fig. 111b und 112b.

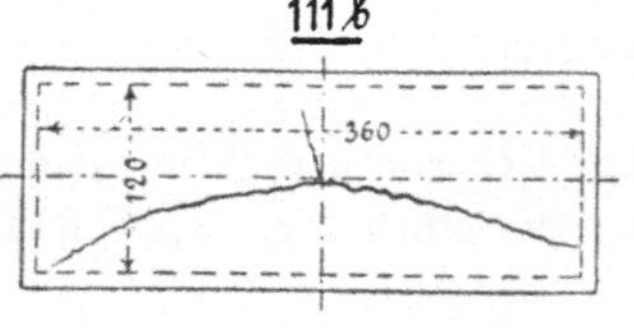

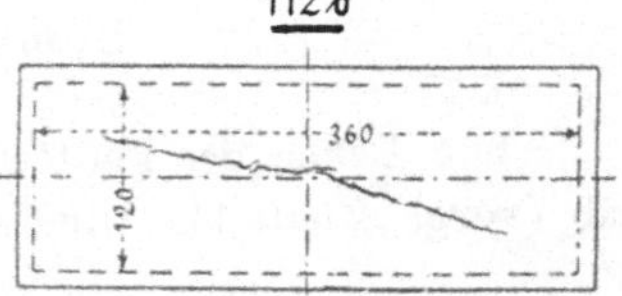

Nach Gl. 23 folgt

für die Platte 111b $K_b' = {}^3/_2 \, \frac{1}{\varphi} \, \frac{7920}{\frac{36}{12} + \frac{12}{36}} \, \frac{1}{1{,}68^2}$, für die Platte 112b $K_b' = {}^3/_2 \frac{1}{\varphi} \frac{7500}{\frac{36}{12} + \frac{12}{36}} \frac{1}{1{,}67^2}$.

Mit

$$K_b' = K_b$$

wird, da nach dem Früheren

bei dem Flachstabe 111 $K_b = 2293$,

» » » 112 $K_b = 2339$

sich ergab,

für die Platte . . 111b $\varphi = 0{,}528$,

» » » . . 112b $\varphi = 0{,}517$

Durchschnitt $\varphi = 0{,}522$.

Stärke rund 0,9 cm.

Manometeranzeige p	Belastung P kg	Platte 113b, $h = 0{,}88$ cm		Platte 114b, $h = 0{,}94$ cm		Platte 115b, $h = 0{,}88$ cm	
		y' cm	Unterschied cm	y' cm	Unterschied cm	y' cm	Unterschied cm
3	325 — 27	0,039		0,051		0,030	
			0,024		0,021		0,028
6	795 — 27	0,063		0,072		0,058	
			0,030		0,025		0,037
9	1250 — 27	0,093		0,097		0,095	
			0,037		0,033		0,062
12	1760 — 27	0,130		0,130		0,157	

Bemerkungen.

Die Ecken der Platten heben sich von dem Widerlager ab (vergl. Platte 111a und 112a, namentlich Fig. 13, S. 87).

Bruch erfolgt

bei Platte 113b für $p = 15{,}1$, entsprechend $P = 2314 - 27 = 2287$ kg

» » 114b » $p = 15{,}1$, » $P = 2314 - 27 = 2287$ »

» » 115b » $p = 13{,}8$, » $P = 2088 - 27 = 2061$ ».

Verlauf der Bruchlinien Fig. 113b, 114b und 115b.

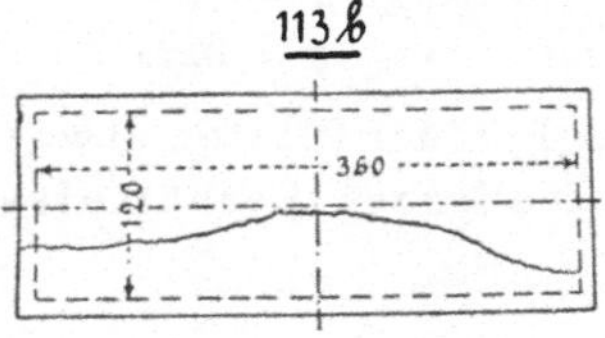

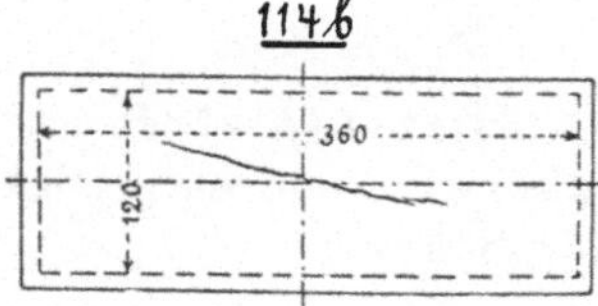

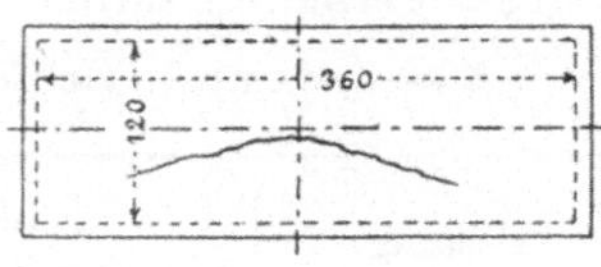

Gl. 23 liefert

für die Platte 113b $K_b' = {}^3/_2 \frac{1}{\varphi} \frac{2287}{\frac{36}{12} + \frac{12}{36}} \frac{1}{0{,}88^2}$,

» » » 114b $K_b' = {}^3/_2 \frac{1}{\varphi} \frac{2287}{\frac{36}{12} + \frac{12}{36}} \frac{1}{0{,}94^2}$,

» » » 115b $K_b' = {}^3/_2 \frac{1}{\varphi} \frac{2061}{\frac{36}{12} + \frac{12}{36}} \frac{1}{0{,}88^2}$.

Demnach mit

$$K_b' = K_b,$$

sofern gesetzt wird

bei Flachstab 113 $K_b = 2644$ kg
» » 114 $K_b = 2658$ »
» » 115 $K_b = 2630$ » ,

der Berichtigungskoëffizient

für die Platte 113b $\varphi = 0{,}503$
» » » 114b $\varphi = 0{,}438$
» » » 115b $\varphi = 0{,}455$

Durchschnitt $\varphi = 0{,}465$.

Die Zusammenstellung ergiebt

für die Platten von rund 0,9 cm Stärke $\varphi = 0{,}465$
» » » » » 1,7 » » $\varphi = 0{,}522$.

Hiernach würde die Festigkeit der Platten etwas rascher wachsen als im quadratischen Verhältniss der Stärke.

Material: Flusseisen.

Quadratische Platte.

$a = b = 36$ cm; $h = 0{,}68$ cm; Gewicht $= 7{,}20$ kg.

Manometer-anzeige p	Belastung P kg	Durchbiegung y' cm	Durchbiegung Unterschied cm
0			
4	475 — 31	0,079	
6	795 — 31	0,155	0,076
8	1095 — 31	0,231	0,076
0			
4	475 — 31	0,089	
6	795 — 31	0,162	0,073
8	1095 — 31	0,233	0,071
0			
4	475 — 31	0,090	
6	795 — 31	0,162	0,072
8	1095 — 31	0,234	0,072
10	1415 — 31	0,326	
0			
4	475 — 31	0,124	
6	795 — 31	0,195	0,071
8	1095 — 31	0,263	0,068
10	1415 — 31	0,328	0,065
0			
4	475 — 31	0,125	
6	795 — 31	0,196	0,071
8	1095 — 31	0,264	0,068
10	1415 — 31	0,328	0,064
15	2300 — 31	0,594	
0			
5	645 — 31	0,290	
10	1415 — 31	0,452	0,162
15	2300 — 31	0,600	0,148

Dritter Abschnitt.

Zusammenstellung der Versuchsergebnisse.

I. Kreisförmige Scheiben.

1. Flussstahl.

Es besteht Proportionalität zwischen Dehnungen und Spannungen.

a) Die Scheibe ist nach Mafsgabe der Fig. 12 in der Mitte belastet und am Umfange gestützt. Sie legt sich nur mit derjenigen Pressung gegen das Widerlager, welche durch die den Versuchskörper in der Mitte belastende Kraft hervorgerufen wird.

Der Dehnungskoëffizient α (Dehnung einer Faser von der Länge 1 bei Steigerung der Belastung um 1 kg auf die Flächeneinheit = reciproker Werth des Elasticitätsmoduls), für federnde Durchbiegung ergiebt sich (Scheibe Z_0) nach Gl. 19 (18) bei einer Gesammtdurchbiegung von

$$\begin{array}{lcccc} & 0{,}205\text{ cm} & 0{,}355\text{ cm} & 0{,}530\text{ cm} & 1{,}1\text{ cm} \\ \text{zu } \alpha = & \frac{1}{2\,900\,000}, & \frac{1}{3\,025\,000}, & \frac{1}{3\,972\,000}, & \frac{1}{5\,116\,000}, \end{array}$$

während Flachstab - Durchbiegungsversuche für das gleiche Material unter Berücksichtigung des Einflusses der Schubkraft

$$\alpha = \frac{1}{2\,147\,000}$$

liefern.

Die Gl. 19 (18) führt demnach selbst bei Durchbiegungen, die im Verhältniss zum Scheibendurchmesser $2\,r = 56$ cm sehr gering erscheinen, zu Werthen für α, welche ganz erheblich kleiner sind, als der wirkliche Dehnungskoëffizient des Materiales.

Die anfangs geringe, später jedoch rasch fortschreitende Abnahme von α mit wachsender Durchbiegung zeigt deutlich den Einfluss der Wölbung (Abweichung von der ursprünglichen ebenen Form).

b) Die Scheibe ist durch Flüssigkeitsdruck gleichmäſsig belastet und am Umfange nach Maſsgabe der Fig. 1 gestützt und abgedichtet.

Der Dehnungskoëffizient α ergiebt sich nach Gl. 5 (4) ganz allgemein weit kleiner, als ihn das Material thatsächlich besitzt, auſserdem im Einzelnen zunehmend mit wachsender Flüssigkeitspressung. Insbesondere zunächst für die Scheibe Y ($h = 0{,}85$ cm)

für die Stufe . . . . $p = 0{,}5/1$ kg $3/3{,}5$ kg
bei einer Gesammtdurchbiegung . $y' = 0{,}106$ cm $0{,}450$ cm

$$\alpha = \frac{1}{6\,257\,000} \quad \frac{1}{4\,434\,000}.$$

Durch Nachdrehen der Muttern, d. h. schärferes Zusammenpressen von Ober- und Untertheil des Apparates, sinkt der Dehnungskoëffizient

für die Stufe . . . . $p = 4/4{,}5$ kg
bei einer Gesammtdurchbiegung . $y' = 0{,}585$ cm
auf

$$\alpha = \frac{1}{8\,147\,000}.$$

An dieser Abnahme ist allerdings — jedoch zum weit geringeren Theile — der Einfluss der zunehmenden Wölbung betheiligt. Die Hauptursache bildet die Kraft, mit welcher die Scheibe zum Zwecke der Abdichtung von vornherein einerseits gegen die Dichtung und andererseits gegen das Widerlager gepresst wird, und die, um kurz sprechen zu können, mit P_r bezeichnet sei.

Die rund 20 pCt. stärkere Scheibe Z ($h = 1{,}01$ cm) liefert

für die Stufe . . . . $p = 0{,}5/1$ kg $3/3{,}5$ kg
bei einer Gesammtdurchbiegung . $y' = 0{,}090$ cm $0{,}365$ cm

$$\alpha = \frac{1}{4\,444\,000} \quad \frac{1}{3\,664\,000};$$

also verhältnissmäſsig gröſsere Werthe des Dehnungskoëffizienten.

Die Scheibe Z_0 ($h = 0{,}84$ cm) ergiebt für die Stufe $p = 0{,}1/0{,}7$ kg bei einer Gesammtdurchbiegung bis zu 0,143 cm, wenn die Schrauben kräftig angezogen sind:

$$\alpha = \frac{1}{6\,540\,000},$$

wenn dieselben allmählich mehr und mehr gelöst werden:

$$\alpha = \frac{1}{5\,970\,000}, \quad \alpha = \frac{1}{4\,920\,000} \text{ und } \alpha = \frac{1}{3\,820\,000}.$$

Lösen der Schrauben vermehrt demnach α, ergiebt also Zunahme der Durchbiegung, während Nachziehen derselben Verminderung zur Folge hat.

Ohne in eine nähere Erörterung der Wirksamkeit der hierdurch verringerten, bezw. vergröſserten Kraft P_s hier einzutreten [1]), kann der Einfluss derselben leicht dadurch erklärt werden, dass sich die Scheibe umsomehr von dem Zustande des Loseaufliegens entfernt und umsomehr einem anderen sich nähert, welcher demjenigen des Eingespanntseins ähnelt, je gröſser P_s [2]). Da nun Lösen der Schrauben die Kraft P_s vermindert, Anziehen derselben P_s erhöht, so kommt Ersteres auf Annäherung an den Zustand des Loseaufliegens, Letzteres auf Annäherung an denjenigen des Eingespanntseins hinaus.

Ist diese Erklärung zutreffend, so muss unter sonst gleichen Verhältnissen bei derselben Gröſse von P_s eine stärkere Platte dem Eingespanntsein weniger nahe sich befinden als eine schwächere, d. h. die stärkere Scheibe muss unter sonst gleichen Umständen einen gröſseren Dehnungskoëffizienten ergeben als die schwächere. Das fanden wir aber auch thatsächlich für die Scheibe Z, verglichen mit der Scheibe Y.

---

1) Vgl. auch Fuſsbemerkung in »Elasticität und Festigkeit« S. 350.

2) Von einer vollständigen Einspannung kann natürlich bei der Sachlage Fig. 1 nicht die Rede sein.

2. Gusseisen.

a) Die Scheiben sind nach Mafsgabe der Fig. 12 in der Mitte belastet und liegen am Umfange lose auf.

Es findet sich für die untersuchten Scheiben

in der Stärke	$h = 1{,}2$ cm	$h = 2{,}5$ cm
K_b' (Bruchfestigkeit nach Gl. 20) . .	$1504{,}5 \frac{1}{\varphi}$	$1439 \frac{1}{\varphi}$
K_b (Biegungsfestigkeit der Flachstäbe)	2520	2200
φ (aus $K_b' = K_b$)	0,60	0,65.

Die Bruchfestigkeit der Scheiben würde hiernach ein wenig stärker wachsen, als mit der zweiten Potenz von h. Das Mehr (über h^2 hinaus) ist übrigens so unerheblich, dass es herrühren kann von Abweichungen in der Materialbeschaffenheit. Auch der Einfluss des Widerstandes, welcher sich dem mit der Durchbiegung verknüpften Gleiten der Scheibenoberfläche da, wo sich diese gegen die ringförmige Auflagerfläche vom Radius r stützt, entgegensetzt, wirkt in diesem Sinne. Dieser Widerstand (vgl. § 46 in »Elasticität und Festigkeit«), indem er, ursprünglich an dem Hebelarm $\frac{h}{2}$ angreifend, radial einwärts gerichtet ist, wirkt auf Verminderung des biegenden Momentes hin, und zwar unter sonst gleichen Verhältnissen um so stärker, je gröfser h ist. Die Aufserachtlassung dieses thatsächlich thätigen Einflusses muss demnach dazu führen, dass die Bruchfestigkeit der stärkeren Scheiben im Vergleich zu den schwächeren etwas zu grofs ermittelt wird.

Nach Mafsgabe des Vorstehenden wird die Gl. 20 oder 21 mit $\varphi = \frac{1}{2}(0{,}60 + 0{,}65) = 0{,}625 = \frac{5}{8}$ benutzt werden können.

Der Dehnungskoëffizient α (der Federung) ergiebt sich aus Gl. 19 bei der Scheibe 105 ($h = 1{,}18$ cm) für die Anstrengungsstufe

$$\sigma_b = 176 \text{ kg} \quad \text{und} \quad \sigma_b = 856 \text{ kg}$$

zu

$$\alpha = \frac{1}{750\,700},$$

bei der Scheibe 106 ($h = 2{,}48$ cm) für die Spannungsstufe

$$\sigma_b = 321 \text{ kg und } \sigma_b = 874 \text{ kg}$$

zu

$$\alpha = \frac{1}{674\,800},$$

etwas gröfser, also ganz wie es dem Umstande entspricht, dass α mit wachsender Spannung zunimmt.

Ein Flachstab aus demselben Gusseisen ($h = 2{,}50$ cm) liefert bei der Biegungsprobe für die Spannungsgrenzen

$$\sigma_b = 240 \text{ kg und } \sigma_b = 960 \text{ kg}$$

$$\alpha = \frac{1}{692\,800}.$$

Hiernach würde auszusprechen sein, dass Gl. 19 (18) für Gusseisen zu Dehnungskoëffizienten führt, welche bei Biegungsversuchen mit Flachstäben aus dem gleichen Material zu erwarten sind. Da jedoch Gl. 19 (18) unter Voraussetzung der Unveränderlichkeit von α entwickelt ist, während α für Gusseisen mit wachsender Spannung erheblich abnimmt, so kann hierin — selbst abgesehen von dem im Vorstehenden unter Ziff. 1 festgestellten Ergebnisse — ein Beweis für die Richtigkeit der bezeichneten Gleichung nicht erblickt werden.

b) Die Scheiben sind durch Flüssigkeitsdruck belastet und am Umfange nach Mafsgabe der Fig. 1 gestützt und abgedichtet.

Es findet sich für die untersuchten Scheiben

in der Stärke von	$h = 1{,}2$ cm,	$h = 2{,}4$ cm
K_b' (Bruchfestigkeit nach Gl. 2) . .	2579	2057
K_b (Biegungsfestigkeit der Flachstäbe)	2545	2620
K_b' (Bruchfestigkeit nach Gl. 6) . .	$2912\,\frac{1}{\varphi}$	$2365\,\frac{1}{\varphi}$
φ (aus $K_b' = K_b$)	1,14	0,89.

Dementsprechend würde das durch die Gl. 2 und 6 ausgesprochene Gesetz: die Widerstandsfähigkeit wächst im quadratischen Verhältnisse von h, nicht zutreffend sein. Es würde dieselbe vielmehr mit einer geringeren Potenz als der zweiten zunehmen.

Der Widerspruch, in welchem dieses Ergebniss mit dem zu stehen scheint, was unter a) festzustellen war, erklärt sich durch den Einfluss der unter Ziff. 1b) besprochenen Kraft P_s.

Nach Maſsgabe der Versuchsergebnisse führt Gl. 2, mit welcher Gl. 6 für $\varphi = 1{,}15$ identisch wird, bei der Sachlage Fig. 1 nur dann nicht zu einer Unterschätzung der Anstrengung des Materiales, wenn die Kraft P_s, mit welcher die Scheibe von vornherein gegen die Dichtung gepresst wird, eine sehr bedeutende, im Vergleiche zur Scheibenstärke ausreichende ist [1].

Der bei Verwendung der Gl. 6 in Rechnung zu stellende Koëffizient φ ist mit Rücksicht auf die Einzelheiten der Konstruktion usw., überhaupt mit Rücksicht auf die besonderen Verhältnisse des einzelnen Falles zu wählen.

Der Dehnungskoëffizient α beträgt nach Gl. 5 (4):

	Spannungsgrenzen σ_b	α
für Scheibe A ($h = 1{,}17$ cm) . .	249/498 kg	$\frac{1}{1\,867\,000}$
	1245/1494 »	$\frac{1}{1\,281\,000}$
» » C ($h = 1{,}19$ cm) . .	240/480 »	$\frac{1}{1\,824\,000}$
	1201/1441 »	$\frac{1}{1\,047\,000}$
» » D ($h = 2{,}37$ cm) . .	243/485 »	$\frac{1}{1\,128\,000}$
	1214/1456 »	$\frac{1}{541\,000}$

[1]) Ist $P_s = 0$, wie bei der Entwicklung der Gl. 2 vorausgesetzt, so ergiebt dieselbe die Materialanstrengung um einen erheblichen Betrag zu gering, wenigstens für das untersuchte Material.

	Spannungsgrenzen σ_b	α
für Scheibe E ($h = 2{,}39$ cm) . .	239/479 »	$\frac{1}{1\,261\,000}$
	1197/1436 »	$\frac{1}{576\,000}$
» » F ($h = 2{,}37$ cm) . .	243/485 »	$\frac{1}{1\,095\,000}$
	1214/1456 »	$\frac{1}{471\,000}$.

Die Werthe von α sind für die rund 1,2 cm starken Scheiben etwa doppelt so grofs, als sie sich für das gleiche Material aus Biegungsversuchen mit Flachstäben ergeben haben würden; ferner nehmen sie ab mit zunehmender Flüssigkeitspressung, ganz wie das in diesem Abschnitt unter Ziff. 1 b) für Stahl gefunden worden war.

Für die 2,4 cm starken Scheiben beträgt α weit mehr als für diejenigen von 1,2 cm Höhe. Die Erklärung hierfür ergiebt sich aus dem Ziff. 1 b) am Schlusse Bemerkten. Der Einfluss der abdichtenden Kraft P_s ist eben den doppelt so starken Scheiben gegenüber viel geringer.

II. Elliptische Platten.

Material: Gusseisen.

a) Die Platten sind nach Mafsgabe der Fig. 12 in der Mitte belastet und am Umfange gestützt.

Es finden sich für den Koëffizienten φ der Gl. 22 die Werthe 0,572 bis 0,615, im Durchschnitt

$$\varphi = 0{,}587 = 0{,}59$$

nahezu unabhängig, ob die Platten 1,2 cm oder 1,8 cm stark sind, und nur wenig verschieden von dem Werth 0,625, welcher sich für die kreisförmigen Scheiben ergab (I. Ziff. 2 a dieses Abschnittes.)

b) Die Platten sind durch Flüssigkeitsdruck gleichmäfsig belastet und am Umfange nach Mafsgabe der Fig. 1 gestützt und abgedichtet.

Es findet sich für die Platten

in der Stärke von . . . $h = 1{,}2$ cm $h = 2{,}2$ cm

der Koëffizient φ der Gl. 10 $\varphi = 1{,}46$ $\varphi = 0{,}997$.

Hiernach würde die Widerstandsfähigkeit der stärkeren Platten in erheblich geringerem Mafse mit h wachsen, als Gl. 10 angiebt.

Der Widerspruch, in welchem dieses Ergebniss mit dem soeben unter a) Gefundenen steht, erklärt sich durch den Einfluss der Kraft P_s (vergl. I. Ziff. 1 b).

Bei Verwendung der Gl. 10 ist φ mit Rücksicht auf die besonderen Verhältnisse des Falles zu wählen.

III. Rechteckige Platten.

Material: Gusseisen.

a) Die Platten sind nach Mafsgabe der Fig. 12 in der Mitte belastet und am Umfange gestützt.

Seitenverhältniss $a:b = 1:1$.

Gl. 24 liefert

bei

$h = 0{,}9$ cm $h = 1{,}7$ cm

$\varphi = 0{,}516$ $\varphi = 0{,}547$

im Durchschnitt

$$\varphi = 0{,}53.$$

Seitenverhältniss $a:b = 3:1$.

Gl. 23 ergiebt

bei

$h = 0{,}9$ cm $h = 1{,}7$ cm

$\varphi = 0{,}465$ $\varphi = 0{,}522$

im Durchschnitt

$$\varphi = 0{,}49.$$

Die stärkeren Platten erscheinen hiernach verhältnissmäfsig etwas fester als die schwächeren. Gleiches fand sich auch unter I. Ziff. 2 a) für die kreisförmigen Scheiben (vergl. das daselbst hierüber Bemerkte). Im Mittel kann in Gl. 23 mit $\varphi = 0{,}5$ gerechnet werden.

Die belastete Platte berührt das Widerlager nicht im ganzen Umfange $2(a+b)$, es heben sich vielmehr die Ecken sichtbar von dem Widerlager ab, derart, dass in den vier Seiten nur der mittlere Theil aufliegt. Die Gröfse dieser in der Mitte jeder Umfangsseite liegenden Berührungsstrecke, innerhalb welcher die Pressung von der Mitte nach aufsen hin bis auf Null abnimmt, hängt von der Belastung ab und wird schliefslich auch von der örtlichen Zusammendrückung beeinflusst, die das Material erfährt[1]) (vergl. Fig. 13, S. 87).

b) Die Platten sind durch Flüssigkeitsdruck gleichmäfsig belastet und am Umfange nach Mafsgabe der Fig. 1 gestützt und abgedichtet.

Stärke rund 1,2 cm.

---

[1]) Das Lichtdruckbild Fig. 193, Taf. XIII der »Elasticität und Festigkeit«, zeigt durch das Auslaufen der Eindrückungen des Widerlagers nach den Ecken hin deutlich die Abnahme der Pressung auch für den Fall gleichmäfsig über die Platte verteilter Belastung durch Flüssigkeitsdruck; in der einen Ecke verschwindet die Eindrückung ganz, obgleich scharfes Anziehen der Schrauben des Apparates nothwendig war, um die Abdichtung zu sichern. Der Auflagerdruck selbst ist in den Mitten der langen Seiten des Rechteckes gröfser als in denjenigen der kurzen Seiten; je mehr a von b abweicht, um so bedeutender fällt dieser Unterschied aus.

Hinsichtlich des Einflusses, welchen diese Veränderlichkeit der Auflagerpressung auf die Inanspruchnahme der etwaigen Befestigungsschrauben usw. hat, sei auf die Fufsbemerkung S. 61 verwiesen.

Seitenverhältniss $a:b = 1:1$.

Gl. 14 führt zu

$$\varphi = 1{,}24.$$

Seitenverhältniss $a:b = 3:2$.

Gl. 12 liefert

$$\varphi = 1{,}15.$$

Seitenverhältniss $a:b = 3:1$.

Nach Gl. 12 findet sich

$$\varphi = 1{,}16.$$

Die höheren Werthe, welche sich hier für φ ergeben, gegenüber den unter a) Gefundenen, werden durch die Wirksamkeit der Kraft P_1 bedingt (vergl. I. Ziff. 1 b).

Bei Benutzung der Gl. 23 ist φ mit Rücksicht auf die besonderen Verhältnisse des gerade vorliegenden Falles zu wählen.